21世纪高等学校通识教育规划教材

Python Course Design

Python课程设计
微课视频版

夏敏捷　尚展垒 ◎ 编著

清华大学出版社
北京

内 容 简 介

本书以 Python 3.7 为编程环境，逐步展开 Python 语言教学，是一本面向广大编程学习者的程序设计类图书。本书以案例为驱动介绍知识点，将 Python 知识点分解到不同案例中，每个案例侧重点不同，避免知识点重复；同时展示实际项目的设计思想和理念，使读者可以举一反三。

本书全面介绍猜单词、万年历、在线翻译器、公交查询系统、学生成绩管理系统、基于 TCP 在线聊天程序、抓取百度图片、校园网搜索引擎、股票数据定向爬虫和电影推荐系统等具有实用性的课程设计案例，同时介绍一些大家耳熟能详的游戏案例，例如网络五子棋游戏等。通过本书，读者可以学会 Python 编程技术和相关技巧，了解项目设计相关内容。本书以目前高校课程设计所采用的典型项目为案例，注重实用技术，使读者真正做到学以致用。本书不仅为读者列出了完整的代码，而且对所有的源代码都进行了非常详细的解释，做到通俗易懂，图文并茂。

本书可作为高等院校 Python 课程设计和实训的指导用书，也可作为 Python 语言学习者和游戏编程爱好者的参考书。

本书封面贴有清华大学出版社防伪标签，无标签者不得销售。
版权所有，侵权必究。举报：010-62782989，beiqinquan@tup.tsinghua.edu.cn。

图书在版编目(CIP)数据

Python 课程设计：微课视频版/夏敏捷，尚展垒编著．—北京：清华大学出版社，2020.7(2024.2重印)
21 世纪高等学校通识教育规划教材
ISBN 978-7-302-55652-7

Ⅰ. ①P… Ⅱ. ①夏… ②尚… Ⅲ. ①软件工具－程序设计－高等学校－教材 Ⅳ. ①TP311.561

中国版本图书馆 CIP 数据核字(2020)第 099128 号

策划编辑：魏江江
责任编辑：王冰飞　张爱华
封面设计：刘　键
责任校对：焦丽丽
责任印制：丛怀宇

出版发行：清华大学出版社
网　　址：https://www.tup.com.cn，https://www.wqxuetang.com
地　　址：北京清华大学学研大厦 A 座
邮　　编：100084
社 总 机：010-83470000
邮　　购：010-62786544
投稿与读者服务：010-62776969，c-service@tup.tsinghua.edu.cn
质量反馈：010-62772015，zhiliang@tup.tsinghua.edu.cn
课件下载：https://www.tup.com.cn，010-83470236

印 装 者：三河市天利华印刷装订有限公司
经　　销：全国新华书店
开　　本：185mm×260mm　印　张：16.5　字　数：399 千字
版　　次：2020 年 8 月第 1 版　印　次：2024 年 2 月第 6 次印刷
印　　数：6701～8200
定　　价：49.80 元

产品编号：083964-01

前言

党的二十大报告中指出：教育、科技、人才是全面建设社会主义现代化国家的基础性、战略性支撑。必须坚持科技是第一生产力、人才是第一资源、创新是第一动力，深入实施科教兴国战略、人才强国战略、创新驱动发展战略，这三大战略共同服务于创新型国家的建设。高等教育与经济社会发展紧密相连，对促进就业创业、助力经济社会发展、增进人民福祉具有重要意义。

自从20世纪90年代初诞生至今，Python语言逐渐被广泛应用于处理系统管理任务和科学计算，是最受欢迎的程序设计语言之一。

编程是工程专业学生教育的重要部分。除了直接的应用外，学习编程是了解计算机科学本质的方法。计算机科学对现代社会产生了毋庸置疑的影响。Python是新兴程序设计语言，是一种解释型、面向对象、动态数据类型的高级程序设计语言。由于Python语言的简洁、易读以及可扩展性，在国外用Python做科学计算的研究机构日益增多，最近几年社会对Python的需求逐渐增加，许多高校纷纷开设"Python程序设计"课程。例如，卡内基·梅隆大学的"编程基础"、麻省理工学院的"计算机科学及编程导论"就使用Python语言讲授。

本书作者长期从事程序设计语言教学与应用开发，在长期的教学实践中，积累了丰富的经验，了解学生在学习编程的时候需要什么样的书才能提高Python开发能力，以最少的学习时间投入得到较好的实际应用。

本书内容：

将Python的面向对象编程、Tkinter图形界面设计、文件使用、数据库开发、图形界面、Python的第三方库等知识点分解到各个案例中，并且每章的案例都有突出的新知识点。本书总计给出21个典型案例，学习这些案例的设计与开发，读者将学会Python编程技术和技巧，了解项目设计的相关内容。

本书特点：

（1）Python程序设计涉及的范围非常广泛，本书内容编排并不求全、求深，而是考虑零基础读者的接受能力；语法介绍以够用、实用为原则，选择Python中必备、实用的知识进行讲解，强化程序思维能力培养。

（2）案例选取贴近生活，有助于提高学习兴趣。

（3）书中每个案例均提供详细的设计思路、关键技术分析以及具体的解决方案。

（4）配套资源丰富：本书提供教学大纲、教学课件、程序源码等配套资源，还提供650分钟的教学视频。

> 资料下载提示：
> 课件等资源：扫描封底"课件下载"二维码，在公众号"书圈"下载。
> 素材(源码)等资源：扫描目录上方的二维码下载。
> 视频等资源：扫描封底刮刮卡中的二维码，再扫码书里章节中的二维码。

应说明的是：学习编程需要一个实践的过程，而不仅仅是看书、看资料，亲自动手编写、调试程序才是至关重要的。通过实际的编程以及积极的思考，读者可以很快地掌握并积累许多宝贵的编程经验，这种编程经验对开发者尤其显得不可或缺。

本书由夏敏捷(中原工学院)主持编写，葛勋(郑州轻工业大学)和李辉(郑州轻工业大学)编写第 3~9 章，尚展垒(郑州轻工业大学)编写第 16~20 章，张慎武(中原工学院)编写第 21 章，其余章节由夏敏捷编写。在本书的编写过程中，为确保内容的正确性，参阅了很多资料，并且得到了资深 Web 程序员的支持，在此谨向他们表示衷心的感谢。本书的学习资源可以在清华大学出版社网站下载。

由于编者水平有限，书中难免有疏漏之处，敬请广大读者批评指正，在此表示感谢。

夏敏捷
2020 年 4 月

目录 CONTENTS

源码下载

第 1 章 序列应用——猜单词游戏 ·· 1

1.1 猜单词游戏功能介绍 ·· 1
1.2 程序设计的思路 ·· 1
1.3 关键技术 ·· 2
   1.3.1 序列数据结构 ·· 2
   1.3.2 random 模块 ·· 3
1.4 程序设计的步骤 ·· 6

第 2 章 函数应用——万年历 ·· 8

2.1 万年历功能介绍 ·· 8
2.2 程序设计的思路 ·· 8
2.3 程序设计的步骤 ·· 9

第 3 章 Tkinter 图形界面应用——图形界面万年历 ·· 12

3.1 图形界面万年历功能介绍 ·· 12
3.2 程序设计的思路 ·· 12
3.3 关键技术 ·· 13
   3.3.1 创建 Windows 窗口 ·· 13
   3.3.2 布局管理器 ·· 14
   3.3.3 OptionMenu 可选菜单 ·· 17
   3.3.4 grid 布局管理器的使用 ·· 18
3.4 图形界面万年历程序设计的步骤 ·· 19

第 4 章 调用百度 API 应用——在线翻译器 ·· 22

4.1 在线翻译器功能介绍 ·· 22
4.2 程序设计的思路 ·· 22

4.3 关键技术 ······ 23
    4.3.1 urllib 库简介 ······ 23
    4.3.2 urllib 库的基本使用 ······ 23
4.4 程序设计的步骤 ······ 29
    4.4.1 设计界面 ······ 29
    4.4.2 使用百度翻译开放平台 API ······ 30
4.5 API 调用拓展——爬取天气预报信息 ······ 33

第 5 章 文件应用——公交查询系统

5.1 公交查询系统功能介绍 ······ 36
5.2 程序设计的思路 ······ 36
5.3 Python 文件的使用 ······ 37
    5.3.1 打开(建立)文件 ······ 37
    5.3.2 读取文本文件 ······ 39
    5.3.3 写文本文件 ······ 40
    5.3.4 文件内移动 ······ 42
    5.3.5 文件的关闭 ······ 43
5.4 程序设计的步骤 ······ 43
5.5 文件使用拓展实例——游戏地图存储 ······ 47

第 6 章 类的应用——学生成绩管理系统

6.1 学生成绩管理系统功能介绍 ······ 49
6.2 程序设计的思路 ······ 49
6.3 关键技术 ······ 50
    6.3.1 定义和使用类 ······ 50
    6.3.2 构造函数 __init__ ······ 51
    6.3.3 析构函数 ······ 51
    6.3.4 实例属性和类属性 ······ 52
    6.3.5 私有成员与公有成员 ······ 53
    6.3.6 方法 ······ 54
6.4 程序设计的步骤 ······ 55
    6.4.1 设计 Student 类 ······ 55
    6.4.2 设计功能函数 ······ 55
    6.4.3 设计主函数 ······ 58

第 7 章 Tkinter 图形界面——多功能文本编辑器

7.1 程序功能介绍 ······ 61

7.2 多功能文本编辑器设计思想 ·· 62
7.3 关键技术 ··· 62
  7.3.1 菜单 ··· 62
  7.3.2 对话框 ··· 66
  7.3.3 消息窗口(消息框) ·· 69
7.4 程序设计的步骤 ··· 70
  7.4.1 设计菜单项功能 ·· 70
  7.4.2 设计程序界面 ··· 71

第 8 章 Tkinter 图形绘制——图形版发牌程序 ································· 74

8.1 扑克牌发牌窗体程序功能介绍 ·· 74
8.2 程序设计的思路 ··· 75
8.3 Canvas 图形绘制技术 ·· 75
  8.3.1 Canvas 画布组件 ·· 75
  8.3.2 Canvas 上的图形对象 ··· 76
8.4 程序设计的步骤 ··· 85

第 9 章 可视化应用——学生成绩分布柱状图展示 ····························· 87

9.1 程序功能介绍 ·· 87
9.2 程序设计的思路 ··· 88
9.3 关键技术 ··· 88
  9.3.1 Python 的第三方库 ··· 88
  9.3.2 Matplotlib.pyplot 模块——快速绘图 ··· 89
  9.3.3 绘制条形图、饼状图、散点图 ·· 93
  9.3.4 Python 读取 Excel 文件 ·· 98
9.4 程序设计的步骤 ··· 100

第 10 章 数据库应用——智力问答测试 ··· 102

10.1 智力问答测试程序功能介绍 ··· 102
10.2 程序设计的思路 ··· 102
10.3 关键技术 ··· 103
  10.3.1 访问数据库的步骤 ·· 103
  10.3.2 创建数据库和表 ··· 105
  10.3.3 数据库的插入、更新和删除操作 ·· 105
  10.3.4 数据库表的查询操作 ·· 106
10.4 程序设计的步骤 ··· 106
  10.4.1 生成试题库 ·· 106

10.4.2　读取试题信息 …………………………………………………… 107
　　10.4.3　界面和逻辑设计 ………………………………………………… 107
10.5　数据库使用拓展实例——学生通讯录 …………………………………… 108

第 11 章　网络编程案例——基于 TCP 在线聊天程序　112

11.1　基于 TCP 在线聊天程序简介 …………………………………………… 112
11.2　程序设计的思路 …………………………………………………………… 112
11.3　关键技术 …………………………………………………………………… 113
　　11.3.1　互联网 TCP/IP ……………………………………………………… 113
　　11.3.2　IP 和端口 …………………………………………………………… 113
　　11.3.3　TCP 和 UDP ………………………………………………………… 114
　　11.3.4　Socket ……………………………………………………………… 114
　　11.3.5　多线程编程 ………………………………………………………… 119
11.4　在线聊天程序设计的步骤 ………………………………………………… 121
　　11.4.1　在线聊天程序服务器端 …………………………………………… 121
　　11.4.2　在线聊天程序客户端 ……………………………………………… 123

第 12 章　爬虫应用——抓取百度图片　127

12.1　程序功能介绍 ……………………………………………………………… 127
12.2　程序设计的思路 …………………………………………………………… 127
12.3　关键技术 …………………………………………………………………… 128
　　12.3.1　图片文件下载到本地 ……………………………………………… 128
　　12.3.2　爬取指定网页中的图片 …………………………………………… 128
　　12.3.3　BeautifulSoup 库概述 ……………………………………………… 129
　　12.3.4　BeautifulSoup 库操作解析 HTML 文档树 ………………………… 133
　　12.3.5　BeautifulSoup 库和 requests 库的使用 …………………………… 136
12.4　程序设计的步骤 …………………………………………………………… 144
　　12.4.1　分析网页源代码和网页结构 ……………………………………… 144
　　12.4.2　设计代码 …………………………………………………………… 148

第 13 章　图像处理——人物拼图游戏　150

13.1　程序功能介绍 ……………………………………………………………… 150
13.2　程序设计的思路 …………………………………………………………… 151
13.3　Python 图像处理 …………………………………………………………… 151
　　13.3.1　Python 图像处理类库 ……………………………………………… 151
　　13.3.2　复制和粘贴图像区域 ……………………………………………… 153
　　13.3.3　调整尺寸和旋转 …………………………………………………… 154
　　13.3.4　转换成灰度图像 …………………………………………………… 154

13.3.5 对像素进行操作 ·············· 155
13.4 程序设计的步骤 ·············· 155
13.4.1 Python 处理图片分割 ·············· 155
13.4.2 游戏逻辑实现 ·············· 157

第 14 章 网络通信案例——基于 UDP 的网络五子棋 ·············· 161

14.1 网络五子棋游戏简介 ·············· 161
14.2 五子棋设计思路 ·············· 162
14.3 关键技术 ·············· 165
14.3.1 UDP 编程 ·············· 165
14.3.2 自定义网络五子棋游戏通信协议 ·············· 167
14.4 网络五子棋程序设计的步骤 ·············· 168
14.4.1 服务器端程序设计的步骤 ·············· 168
14.4.2 客户端程序设计的步骤 ·············· 173

第 15 章 爬虫应用——校园网搜索引擎 ·············· 178

15.1 校园网搜索引擎功能分析 ·············· 178
15.2 校园网搜索引擎系统设计 ·············· 178
15.3 关键技术 ·············· 180
15.3.1 正则表达式 ·············· 180
15.3.2 中文分词 ·············· 186
15.3.3 安装和使用 jieba ·············· 186
15.3.4 jieba 添加自定义词典 ·············· 187
15.3.5 文本分类的关键词提取 ·············· 188
15.3.6 deque ·············· 189
15.4 程序设计的步骤 ·············· 190
15.4.1 信息采集模块——网络爬虫实现 ·············· 190
15.4.2 索引模块——建立倒排词表 ·············· 193
15.4.3 网页排名和搜索模块 ·············· 195

第 16 章 Python 爬虫实战——股票数据定向爬虫 ·············· 198

16.1 股票数据定向爬虫功能介绍 ·············· 198
16.2 程序设计思路 ·············· 198
16.3 程序设计的步骤 ·············· 200
16.3.1 获取股票代码列表 ·············· 200
16.3.2 获取单只股票的信息 ·············· 201

第 17 章 算法实战——电影推荐系统 ·············· 205

17.1 电影推荐系统功能介绍 ·············· 205

17.2 程序设计思路 ·········· 206
    17.2.1 设计评分的数据结构 ·········· 206
    17.2.2 计算用户的相似度 ·········· 207
    17.2.3 推荐电影 ·········· 208
17.3 程序设计的步骤 ·········· 209

第 18 章 操作 Excel 文档应用——作业统计管理 ·········· 212

18.1 作业统计管理功能介绍 ·········· 212
18.2 程序设计思想 ·········· 213
18.3 关键技术 ·········· 213
    18.3.1 获取指定文件夹下的文件名 ·········· 213
    18.3.2 Python 操作 Excel 文件 ·········· 214
18.4 程序设计的步骤 ·········· 216

第 19 章 Pygame 游戏编程——Flappy Bird 游戏 ·········· 219

19.1 Flappy Bird 游戏功能介绍 ·········· 219
19.2 Flappy Bird 游戏设计的思路 ·········· 220
    19.2.1 游戏素材 ·········· 220
    19.2.2 地图滚动的原理实现 ·········· 220
    19.2.3 小鸟和管道的实现 ·········· 220
19.3 关键技术 ·········· 220
    19.3.1 安装 Pygame 库 ·········· 221
    19.3.2 Pygame 的模块 ·········· 221
    19.3.3 Pygame 开发游戏的主要流程 ·········· 223
    19.3.4 Pygame 的图形图像绘制 ·········· 225
    19.3.5 Pygame 的键盘和鼠标事件的处理 ·········· 227
    19.3.6 Pygame 的声音播放 ·········· 230
19.4 Flappy Bird 游戏设计的步骤 ·········· 231
    19.4.1 Bird 类 ·········· 231
    19.4.2 Pipeline 类 ·········· 232
    19.4.3 主程序 ·········· 232

第 20 章 图形化的应用——21 点扑克牌游戏 ·········· 235

20.1 21 点扑克牌游戏功能介绍 ·········· 235
20.2 程序设计的思路 ·········· 236
20.3 程序设计的步骤 ·········· 237

第 21 章 数据分析——多因子量化选股案例 ·········· 242

21.1 多因子量化选股方法 ·········· 242

21.2 数据处理思路 …………………………………………………………… 243
21.3 Python 数据分析库 Pandas ……………………………………………… 244
　　21.3.1 Pandas 的概况与安装 …………………………………………… 244
　　21.3.2 Pandas 的数据结构 ……………………………………………… 244
　　21.3.3 Pandas 对数据的操作 …………………………………………… 245
21.4 程序设计的步骤 ………………………………………………………… 246

序列应用——猜单词游戏

1.1 猜单词游戏功能介绍

猜单词游戏就是计算机随机产生一个单词,打乱字母顺序,供玩家去猜。此游戏采用控制字符界面,运行界面如图 1-1 所示。

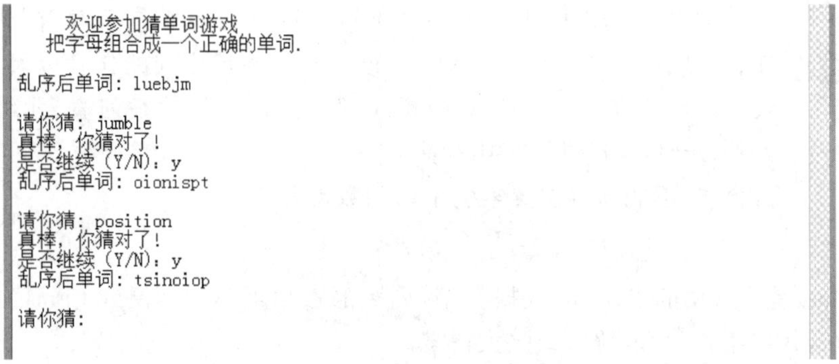

图 1-1 猜单词游戏程序运行界面

1.2 程序设计的思路

游戏中需要随机产生单词和随机数字,所以引入 random 模块的产生随机数函数,其中 random.choice() 可以从序列中随机选取元素。例如:

```
#创建单词序列元组
WORDS = ("python", "jumble", "easy", "difficult", "answer", "continue"
        , "phone", "position", "position", "game")
#从序列中随机挑出一个单词
word = random.choice(WORDS)
```

word 就是从单词序列中随机挑出的一个单词。

游戏中随机挑出一个单词 word 后,如何把单词 word 的字母顺序打乱? 方法是随机从单词字符串中选择一个位置 position,把 position 位置的字母加入乱序后单词 jumble,同时将原单词 word 中 position 位置的字母删去(通过连接 position 位置前字符串和其后字符串实现)。通过多次循环就可以产生新的乱序后单词 jumble。

```
while word:  # word 不是空串循环
    # 根据 word 长度,产生 word 的随机位置
    position = random.randrange(len(word))
    # 将 position 位置的字母组合到乱序后单词
    jumble += word[position]
    # 通过切片,将 position 位置的字母从原单词中删除
    word = word[:position] + word[(position + 1):]
print("乱序后单词:", jumble)
```

1.3 关键技术

1.3.1 序列数据结构

数据结构是计算机存储、组织数据的方式。序列是 Python 中最基本的数据结构。序列中的每个元素都分配一个数字,即它的位置或索引,第一个索引是 0,第二个索引是 1,以此类推。序列都可以进行的操作包括索引、截取(切片)、加、乘、成员检查。此外,Python 已经内置确定序列的长度以及确定最大和最小元素的方法。Python 内置序列类型最常见的是列表、元组和字符串。

视频讲解

另外,Python 提供了字典和集合这样的数据结构,它们属于无顺序的数据集合体,不能通过位置索引来访问数据元素。

1. 列表

列表(list)是最常用的 Python 数据类型,列表的数据项不需要具有相同的类型。列表类似其他语言的数组,但功能比数组强大得多。

创建一个列表,只要把逗号分隔的不同的数据项使用方括号[]括起来即可。例如:

```
list1 = ['中国', '美国', 1997, 2000]
list2 = [1, 2, 3, 4, 5]
list3 = ["a", "b", "c", "d"]
```

列表索引从 0 开始。列表可以进行截取(切片)、组合等。

可以使用下标索引来访问列表中的值,同样也可以使用方括号的形式截取字符。例如:

```
list1 = ['中国', '美国', 1997, 2000]
list2 = [1, 2, 3, 4, 5, 6, 7]
print ("list1[0]: ", list1[0] )
print ("list2[1:5]: ", list2[1:5])
```

以上实例输出结果:

```
list1[0]: 中国
list2[1:5]: [2, 3, 4, 5]
```

2. 元组

元组(tuple)与列表类似,不同之处在于元组的元素不能修改。元组使用小括号(),列表使用方括号。元组中的元素类型也可以不相同。

元组创建很简单,只需要在括号中添加元素,并使用逗号隔开即可。例如:

视频讲解

```
tup1 = ('中国', '美国', 1997, 2000)
tup2 = (1, 2, 3, 4, 5 )
tup3 = "a", "b", "c", "d"
```

如果创建空元组,只需写个空括号即可。

```
tup1 = ()
```

元组中只包含一个元素时,需要在第一个元素后面添加逗号。

```
tup1 = (50,)
```

元组与字符串类似,下标索引从 0 开始,可以进行截取、组合等。

3. 字典

字典(dict)是一种可变容器模型,且可存储任意类型的对象,如字符串、数字、元组等其他容器模型。字典也被称作关联数组或哈希表。

字典由键和对应值(key=> value)成对组成。字典的每个键/值对里面键和值用冒号分割,键/值对之间用逗号分隔,整个字典包括在花括号中。基本语法如下:

```
d = {key1 : value1, key2 : value2 }
```

注意:键必须是唯一的,但值则不必。值可以取任何数据类型,但键必须是不可变的,如字符串、数字或元组。

一个简单的字典实例:

```
dict = {'xmj' : 40 , 'zhang' : 91 , 'wang' : 80}
```

1.3.2 random 模块

random 模块可以产生一个随机数或者从序列中获取一个随机元素。它的常用方法和使用例子如下:

视频讲解

1. random.random()

random.random()用于生成一个 0~1 的随机小数。

```
import random
random.random()
```

执行以上代码,输出结果如下:

```
0.85415370477785668
```

2. random.uniform()

random.uniform(a,b),用于生成一个指定范围内的随机小数,两个参数中一个是上限,一个是下限。如果 a<b,则生成的随机数区间范围为[a,b];如果 a>b,则生成的随机数区间范围为[b,a]。

代码如下:

```
import random
print (random.uniform(10, 20))
print (random.uniform(20, 10))
```

执行以上代码,输出结果如下:

```
14.247256006293084
15.53810495673216
```

3. random.randint()

random.randint(a,b),用于随机生成一个指定范围内的整数。其中参数 a 是下限,参数 b 是上限,即生成的随机数区间范围为[a,b]。

```
import random
print (random.randint(12, 20) )        # 生成的随机数 n: 12 <= n <= 20
print (random.randint(20, 20) )        # 结果永远是 20
# print (random.randint(20, 10) )      # 该语句是错误的。下限必须小于上限
```

4. random.randrange()

random.randrange([start], stop[, step]),从指定范围内,按指定基数递增的集合中获取一个随机数。如:random.randrange(10,100,2),结果相当于从[10,12,14,16,…,96,98]序列中获取一个随机数。random.randrange(10,100,2)在结果上与 random.choice(range(10,100,2))等效。

5. random.choice()

random.choice()从序列中获取一个随机元素。其函数原型为 random.choice(sequence)。参数 sequence 表示一个有序类型。这里要说明一下:sequence 在 Python 中不是一种特定的类型,而是泛指序列数据结构。列表、元组、字符串都属于 sequence。下面是使用 random.choice()的几个例子:

```
import random
print (random.choice("学习 Python"))                              # 从字符串中随机获取一个字符
print (random.choice(["JGood", "is", "a", "handsome", "boy"]))    # 从列表中随机获取一个元素
print (random.choice(("Tuple", "List", "Dict")))                  # 从元组中随机获取一个元素
```

执行以上代码,输出结果如下:

```
学
is
Dict
```

当然每次运行结果都不一样。

6. random.shuffle()

random.shuffle(x[，random])，用于将一个列表中的元素打乱。例如：

```
p = ["Python", "is", "powerful", "simple", "and so on..."]
random.shuffle(p)
print (p)
```

执行以上代码，输出结果如下：

```
['powerful', 'simple', 'is', 'Python', 'and so on...']
```

本书发牌游戏案例中使用此方法打乱牌的顺序实现洗牌功能。

7. random.sample()

random.sample(sequence，k)，从指定序列中随机获取指定长度的片段。sample()函数不会修改原有序列。

```
list = [1, 2, 3, 4, 5, 6, 7, 8, 9, 10]
slice = random.sample(list, 5)       #从列表中随机获取5个元素，作为一个片段返回
print (slice)
print (list)                          #原有序列并没有改变
```

执行以上代码，输出结果如下：

```
[5, 2, 4, 9, 7]
[1, 2, 3, 4, 5, 6, 7, 8, 9, 10]
```

以下是常用情况举例：
（1）随机字符：

```
>>> import random
>>> random.choice('abcdefg&#%^*f')
```

结果为'd'。
（2）从多个字符中选取特定数量的字符：

```
>>> import random
>>> random.sample('abcdefghij', 3)
```

结果为['a', 'd', 'b']。
（3）从多个字符中选取特定数量的字符组成新字符串：

```
>>> import random
>>> " ".join( random.sample(['a','b','c','d','e','f','g','h','i','j'], 3) ).replace(" ","")
```

结果为'ajh'。

(4) 随机选取字符串：

```
>>> import random
>>> random.choice ( ['apple', 'pear', 'peach', 'orange', 'lemon'] )
```

结果为'lemon'。

(5) 洗牌：

```
>>> import random
>>> items = [1, 2, 3, 4, 5, 6]
>>> random.shuffle(items)
>>> items
```

结果为[3,2,5,6,4,1]。

(6) 随机选取0～100的偶数：

```
>>> import random
>>> random.randrange(0, 101, 2)
```

结果为42。

(7) 随机选取1～100的小数：

```
>>> random.uniform(1, 100)
```

结果为5.4221167969800881。

1.4 程序设计的步骤

视频讲解

猜单词游戏程序导入相关模块：

```
# Word Jumble 猜单词游戏
import random
```

创建所有待猜测的单词序列元组WORDS。

```
WORDS = ("python", "jumble", "easy", "difficult", "answer", "continue",
        "phone", "position", "pose", "game")
```

显示游戏欢迎界面。

```
print(
"""
    欢迎参加猜单词游戏
    把字母组合成一个正确的单词.
"""
)
```

以下实现游戏的逻辑。

从序列中随机挑出一个单词,例如"easy"。然后使用1.2节介绍的方法打乱这个单词的字母顺序;通过多次循环产生新的乱序后的单词jumble。例如"easy"单词乱序后,产生"yaes"显示给玩家。

```
iscontinue = "y"
while iscontinue == "y" or iscontinue == "Y":    #循环
    #从序列中随机挑出一个单词
    word = random.choice(WORDS)
    #一个用于判断玩家是否猜对的变量
    correct = word
    #创建乱序后单词
    jumble = ""
    while word:  #word 不是空串循环
        #根据word长度,产生word的随机位置
        position = random.randrange(len(word))
        #将position位置的字母组合到乱序后单词
        jumble += word[position]
        #通过切片,将position位置的字母从原单词中删除
        word = word[:position] + word[(position + 1):]
    print("乱序后单词:", jumble)
```

玩家输入猜测的单词,程序判断出对错。若猜错则用户可以继续猜。

```
guess = input("\n请你猜: ")
while guess != correct and guess != "":
    print("对不起,不正确。")
    guess = input("继续猜: ")

if guess == correct:
    print("真棒,你猜对了!")
iscontinue = input("\n是否继续(Y/N):")        #是否继续游戏
```

运行结果:

```
     欢迎参加猜单词游戏
   把字母组合成一个正确的单词.
乱序后单词: yaes
请你猜: easy
真棒,你猜对了!
是否继续(Y/N):y
乱序后单词: diufctlfi
请你猜: difficutl
对不起,不正确。
继续猜: difficult
真棒,你猜对了!
是否继续(Y/N):n
>>>
```

第 2 章

视频讲解

函数应用——万年历

2.1 万年历功能介绍

程序实现输入某年某月,打印出当月日历功能。运行效果如下:

```
Please input target year:2018
Please input target month:6
          June     2018
------------------------------------
Sun  Mon  Tue  Wed  Thu  Fri  Sat
                          1    2
 3    4    5    6    7    8    9
10   11   12   13   14   15   16
17   18   19   20   21   22   23
24   25   26   27   28   29   30
```

2.2 程序设计的思路

程序设计难点是计算每月的 1 日为星期几。本程序是根据 1800 年 1 月 1 日(星期三)以来经过的天数计算出此月的 1 日为星期几。

程序设计使用了以下函数:

```
is_leap_year (year)函数:判断是否为闰年。
get_num_of_days_in_month (year, month)函数:获得每月的天数。
get_total_num_of_days (year, month)函数:获得自 1800 年 1 月 1 日以来经过的天数。
get_start_day (year, month)函数:获得每月 1 日为星期几。
get_month_name (month)函数:获得每月的名称
print_month_title(year, month) 函数:打印日历标题与头部部分。
print_month_body (year, month)函数:打印日历的数字部分。
```

2.3 程序设计的步骤

定义月份与名称对应的字典 month_dict。

```
#月份与名称对应的字典
month_dict = {1: 'January', 2: 'February', 3: 'March', 4: 'April', 5: 'May', 6: 'June',
              7: 'July', 8: 'August', 9: 'September', 10: 'October', 11: 'November', 12: 'December'}
```

is_leap_year(year)函数判断是否为闰年。

```
def is_leap_year(year):
    #判断是否为闰年
    if year % 4 == 0 and year % 100 != 0 or year % 400 == 0:
        return True
    else:
        return False
```

get_num_of_days_in_month(year,month)函数获得每月的天数。

```
def get_num_of_days_in_month(year, month):
    #给定年月返回月份的天数
    if month in (1, 3, 5, 7, 8, 10, 12):
        return 31
    elif month in (4, 6, 9, 11):
        return 30
    elif is_leap_year(year):
        return 29
    else:
        return 28
```

get_total_num_of_days(year,month)函数获得自1800年1月1日以来经过的天数。

```
def get_total_num_of_day(year, month):
    #自1800年1月1日以来过了多少天
    days = 0
    for y in range(1800, year):
        if is_leap_year(y):
            days += 366
        else:
            days += 365
    for m in range(1, month):
        days += get_num_of_days_in_month(year, m)
    return days
```

get_start_day(year,month)函数获得每月1日为星期几。星期日返回0,星期一返回1,星期二返回2,以此类推,星期六返回6。

```python
def get_start_day(year, month):
    #返回当月1日是星期几,由1800.01.01是星期三推算
    return (3 + get_total_num_of_day(year, month)) % 7
```

get_month_name(month)函数获得每月的名称。

```python
def get_month_name(month):
    #返回当月的名称
    return month_dict[month]
```

print_month_title(year, month)函数打印日历标题与头部部分。

```python
def print_month_title(year, month):
    #打印日历的头部
    print ('      ', get_month_name(month), '     ', year, '      ')
    print ('-------------------------------------------------------')
    print ('  Sun  Mon  Tue  Wed  Thu  Fri  Sat  ')
```

print_month_body(year, month)函数打印日历的数字部分。

```python
def print_month_body(year, month):
    '''
    打印日历正文
    格式说明:每天的长度为5
    '''
    i = get_start_day(year, month)
    #print(i)
    print(' ' * i,end = '')              #每月1日从星期几开始,则空5*几个空格
    for j in range(1, get_num_of_days_in_month(year, month) + 1):
        print( '%5d' % j,end = '')       #宽度控制,4+1=5
        i += 1
        if i % 7 == 0:                   #i用于计数和换行
            print('')                    #每换行一次,行首继续加空格
```

以下是主函数部分。

```python
#主函数部分
year = int(input("Please input target year:"))
month = int(input("Please input target month:"))
print_month_title(year, month)
print_month_body(year, month)
```

对程序功能进行改进,如果打印出全年的日历,仅仅如下修改主函数部分即可。

```python
year = int(input("Please input target year:"))
for month in range(1,13):
    print_month_title(year, month)
    print_month_body(year, month)
    print()
```

这样就可以轻松打印出全年的日历。本程序虽然实现万年历功能,但界面不友好,第3

章将制作一个图形界面万年历。

实际上 Python 本身自带有生成日历模块 calendar。以下代码用于生成指定日期的日历：

```
#Filename : test.py
import calendar                    #引入日历模块
#输入指定年月
yy = int(input("输入年份: "))
mm = int(input("输入月份: "))
#显示日历
print(calendar.month(yy,mm))
```

执行以上代码，输出结果如图 2-1 所示。

可将星期日设置为每周的开始。所以可进一步改进代码，将星期日设为每周的第一天。

```
calendar.setfirstweekday(firstweekday = 6)    #设置第一天是星期天,星期一是0
#显示日历
print(calendar.month(yy,mm))
```

执行以上代码，输出结果如图 2-2 所示。

```
输入年份: 2019
输入月份: 10
    October 2019
Mo Tu We Th Fr Sa Su
    1  2  3  4  5  6
 7  8  9 10 11 12 13
14 15 16 17 18 19 20
21 22 23 24 25 26 27
28 29 30 31
```

图 2-1　自带的生成日历模块输出结果

```
输入年份: 2019
输入月份: 10
    October 2019
Su Mo Tu We Th Fr Sa
       1  2  3  4  5
 6  7  8  9 10 11 12
13 14 15 16 17 18 19
20 21 22 23 24 25 26
27 28 29 30 31
```

图 2-2　设置第一天是星期天

第 3 章

视频讲解

Tkinter图形界面应用——图形界面万年历

3.1 图形界面万年历功能介绍

程序实现制作一个 Tkinter 图形界面日历(只显示阳历日期),用户选择某年某月,图形化显示当月日历功能。运行效果如图 3-1 所示。

图 3-1 Tkinter 图形界面万年历

3.2 程序设计的思路

1. 计算指定月份的第一天是星期几

不使用日历生成模块 calendar 提供的日期计算方法,而是根据 1800 年 1 月 1 号为星期三,以此推算指定月份的第一天是星期几。

2. 创建日历界面

整个组件的布局是 8×7 的表格(grid)方式。

第 1 行显示日历头部,包括年月日的显示与选择;

第 2 行显示周日、周一、周二、周三、周四、周五、周六标签;

第 3~8 行显示本月日历信息。

创建本月日历信息其实就是在 6×7 的表格中预先放置 6×7 个标签(Label),分别表示 1~31 的情况(应该包含所有的情况)。将 1~31 从得到的位置开始打印出来,设置为 7 的倍数时换行。

grid 方式有两个最重要的参数,用来指定将组件放置到什么位置,一个是 row,另一个是 column。如果不指定 row,会将组件放置到第一个可用的行上;如果不指定 column,则使用第 1 列。注意,这里使用 grid 时不需要创建,直接使用行列就可以。

3. 更新日历

当对日历头部进行选择操作(改变日期)时,就会更新日历显示的内容。

3.3 关键技术

视频讲解

Tkinter 是 Python 的标准 GUI 库。由于 Tkinter 内置在 Python 的安装包中,因此只要安装好 Python 就能导入 Tkinter 库,而且 IDLE 也是用 Tkinter 编写而成的。对于简单的图形界面 Tkinter 是能应付自如的,使用 Tkinter 可以快速地创建 GUI 应用程序。本书主要采用 Tkinter 设计图形界面。

3.3.1 创建 Windows 窗口

【例 3-1】 Tkinter 创建一个 Windows 窗口的 GUI 程序。

```
import tkinter                    #导入 Tkinter 模块
root = tkinter.Tk()               #创建 Windows 窗口对象
root.title('我的第一个 GUI 程序')  #设置窗口标题
root.mainloop()                   #进入消息循环,也就是显示窗口
```

可见 Tkinter 可以很方便地创建 Windows 窗口。

在创建 Windows 窗口对象后,可以使用 geometry()方法设置窗口的大小,格式如下:

窗口对象.geometry(size)

size 用于指定窗口大小,格式如下:

宽度 x 高度

注:x 是小写字母,不是乘号。

Tkinter 提供各种组件(控件),如按钮、标签和文本框,可在一个 GUI 应用程序中使用。这些组件通常被称为控件或者部件。目前常用的 Tkinter 组件如表 3-1 所示。

表 3-1 常用的 Tkinter 组件

控 件	描 述
Button	按钮控件,在程序中显示按钮
Canvas	画布控件,显示图形元素如线条或文本
Checkbutton	多选框控件,用于在程序中提供多项选择框

续表

控　件	描　述
Entry	输入控件,用于显示简单的文本内容
Frame	框架控件,在屏幕上显示一个矩形区域,多用来作为容器
Label	标签控件,可以显示文本和位图
Listbox	列表框控件,用来显示一个字符串列表给用户
Menubutton	菜单按钮控件,用于显示菜单项
Menu	菜单控件,显示菜单栏、下拉菜单和弹出菜单
Message	消息控件,用来显示多行文本,与 Label 比较类似
Radiobutton	单选按钮控件,显示一个单选的按钮状态
Scale	范围控件,显示一个数值刻度,为输出限定范围的数字区间
Scrollbar	滚动条控件,当内容超过可视化区域时使用,如列表框
Text	文本控件,用于显示多行文本
Toplevel	容器控件,用来提供一个单独的对话框,和 Frame 比较类似
Spinbox	输入控件,与 Entry 类似,但是可以指定输入范围值
PanedWindow	一个窗口布局管理的插件,可以包含一个或者多个子控件
LabelFrame	一个简单的容器控件,常用与复杂的窗口布局
tkMessageBox	用于显示应用程序的消息框

通过组件类的构造函数可以创建其对象实例。例如:

```
from tkinter import *
root = Tk()
button1 = Button(root, text = "确定")        #创建按钮组件
```

3.3.2　布局管理器

Tkinter 布局管理器(geometry manager)用于组织和管理父组件(往往是窗口)中子组件的布局方式。Tkinter 提供了3种不同风格的几何布局管理类:pack、grid 和 place。

1. pack 布局管理器

pack 布局管理器采用块的方式组织组件。pack 布局根据子组件创建生成的顺序,将其放在快速生成界面设计中而广泛采用。

调用子组件的方法 pack(),则该子组件在其父组件中采用 pack 布局:

```
pack( option = value,...)
```

pack()方法提供如表 3-2 所示的若干参数选项。

表 3-2　pack()方法提供的参数选项

选　项	描　述	取 值 范 围
side	停靠在父组件的哪一边上	'top'(默认值)、'bottom'、'left'、'right'
anchor	停靠位置,对应于东、南、西、北以及4个角	'n'、's'、'e'、'w'、'nw'、'sw'、'se'、'ne'、'center'(默认值)

续表

选项	描述	取值范围
fill	填充空间	'x','y','both','none'
expand	扩展空间	0 或 1
ipadx,ipady	组件内部在 x/y 方向上填充的空间大小	单位为 c（厘米）、m（毫米）、i（英寸）、p（打印机的点）
padx,pady	组件外部在 x/y 方向上填充的空间大小	单位为 c（厘米）、m（毫米）、i（英寸）、p（打印机的点）

【例 3-2】 pack 布局管理器的 GUI 程序。运行效果如图 3-2 所示。

```
import tkinter
root = tkinter.Tk()
label = tkinter.Label(root,text = 'hello ,python')
label.pack()                                    # 将 Label 组件添加到窗口中显示
button1 = tkinter.Button(root,text = 'BUTTON1')  # 创建文字是'BUTTON1'的 Button 组件
button1.pack(side = tkinter.LEFT)                # 将 button1 组件添加到窗口中显示,左停靠
button2 = tkinter.Button(root,text = 'BUTTON2')  # 创建文字是'BUTTON2'的 Button 组件
button2.pack(side = tkinter.RIGHT)               # 将 button2 组件添加到窗口中显示,右停靠
root.mainloop()
```

2. grid 布局管理器

grid（表格）布局管理器采用表格结构组织组件。子组件的位置由行/列确定的单元格决定,子组件可以跨越多行/列。每一列中,列宽由这一列中最宽的单元格确定。grid 布局适合于表格形式的布局,可以实现复杂的界面,因而被广泛采用。

调用子组件的 grid() 方法,则该子组件在其父组件中采用 grid 布局：

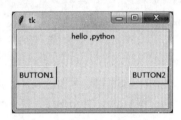

图 3-2 pack 布局管理器

```
grid ( option = value,... )
```

grid() 方法提供如表 3-3 所示的若干参数选项。

表 3-3 grid() 方法提供的参数选项

选项	描述	取值范围
sticky	组件紧贴所在单元格的某一边角,对应于东、南、西、北以及四个角	'n','s','e','w','nw','sw','se','ne','center'（默认值）
row	单元格行号	整数
column	单元格列号	整数
rowspan	行跨度	整数
columnspan	列跨度	整数
ipadx,ipady	组件内部在 x/y 方向上填充的空间大小	单位为 c（厘米）、m（毫米）、i（英寸）、p（打印机的点）
padx,pady	组件外部在 x/y 方向上填充的空间大小	单位为 c（厘米）、m（毫米）、i（英寸）、p（打印机的点）

grid()有两个最重要的参数：一个是 row；另一个是 column。它们用来指定将子组件放置到什么位置，如果不指定 row，则会将子组件放置到第一个可用的行上；如果不指定 column，则使用第 0 列（首列）。

【例 3-3】 grid 布局管理器的 GUI 程序。运行效果如图 3-3 所示。

```
from tkinter import *
root = Tk()
#200x200 代表了初始化时主窗口的大小,280、280 代表了初始化时窗口所在的位置
root.geometry('200x200 + 280 + 280')
root.title('计算器示例')
#Grid 表格布局
L1 = Button(root, text = '1', width = 5, bg = 'yellow')
L2 = Button(root, text = '2', width = 5)
L3 = Button(root, text = '3', width = 5)
L4 = Button(root, text = '4', width = 5)
L5 = Button(root, text = '5', width = 5, bg = 'green')
L6 = Button(root, text = '6', width = 5)
L7 = Button(root, text = '7', width = 5)
L8 = Button(root, text = '8', width = 5)
L9 = Button(root, text = '9', width = 5, bg = 'yellow')
L0 = Button(root, text = '0')
Lp = Button(root, text = '.')
L1.grid(row = 0, column = 0)                        #按钮放置在 0 行 0 列
L2.grid(row = 0, column = 1)                        #按钮放置在 0 行 1 列
L3.grid(row = 0, column = 2)                        #按钮放置在 0 行 2 列
L4.grid(row = 1, column = 0)                        #按钮放置在 1 行 0 列
L5.grid(row = 1, column = 1)                        #按钮放置在 1 行 1 列
L6.grid(row = 1, column = 2)                        #按钮放置在 1 行 2 列
L7.grid(row = 2, column = 0)                        #按钮放置在 2 行 0 列
L8.grid(row = 2, column = 1)                        #按钮放置在 2 行 1 列
L9.grid(row = 2, column = 2)                        #按钮放置在 2 行 2 列
L0.grid(row = 3, column = 0, columnspan = 2, sticky = E + W)    #跨 2 列,左右贴紧
Lp.grid(row = 3, column = 2, sticky = E + W)                    #左右贴紧
root.mainloop()
```

3. place 布局管理器

place 布局管理器允许指定组件的大小与位置。place 布局的优点是可以精确控制组件的位置，不足之处是改变窗口大小时，子组件不能随之灵活改变大小。

调用子组件的方法 place()，则该子组件在其父组件中采用 place 布局：

place (option = value,…)

place()方法提供如表 3-4 所示的若干参数选项，可以直接给参数选项赋值加以修改。

图 3-3 grid 布局管理器

第3章 Tkinter图形界面应用——图形界面万年历

表 3-4 place()方法提供的参数选项

选项	描述	取值范围
x,y	将组件放到指定位置的绝对坐标	从0开始的整数
relx,rely	将组件放到指定位置的相对坐标	取值范围为0~1.0
height,width	高度和宽度,单位为像素(px)	
anchor	对齐方式,对应于东、南、西、北以及4个角	'n','s','e','w','nw','sw','se','ne','center'('center'为默认值)

注意:Python 的坐标系是左上角为原点(0,0)位置,向右是 x 坐标正方向,向下是 y 坐标正方向,这和数学的几何坐标系不同。

【例 3-4】 place 布局管理器的 GUI 示例程序。运行效果如图 3-4 所示。

图 3-4 place 布局管理器

```
from tkinter import *
root = Tk()
root.title("登录")
root['width'] = 200;root['height'] = 80
Label(root,text = '用户名',width = 6).place(x = 1,y = 1)         #绝对坐标(1,1)
Entry(root,width = 20).place(x = 45,y = 1)                      #绝对坐标(45,1)
Label(root,text = '密码',width = 6).place(x = 1,y = 20)         #绝对坐标(1,20)
Entry(root,width = 20, show = ' * ').place(x = 45,y = 20)       #绝对坐标(45,20)
Button(root,text = '登录',width = 8).place(x = 40,y = 40)       #绝对坐标(40,40)
Button(root,text = '取消',width = 8).place(x = 110,y = 40)      #绝对坐标(110,40)
root.mainloop()
```

3.3.3 OptionMenu 可选菜单

OptionMenu 可选菜单与组合框功能类似。

1. 创建 OptionMenu

OptionMenu 可选菜单的创建需要两个必要的参数:一个参数为与当前值绑定的变量,通常为 StringVar 类型;另一个参数是提供可选的内容列表,由 OptionMenu 的变参数指定,也可以使用列表。

【例 3-5】 OptionMenu 可选菜单的示例程序。

```
from tkinter import *
root = Tk()
v = StringVar(root)
v.set('Python')
om = OptionMenu(root,v,'Python','PHP','CPP','C','Java','JavaScript','VBScript')
#或者 om = OptionMenu(root,v,['Python','PHP','CPP','C','Java','JavaScript','VBScript'])
om.pack()
root.mainloop()、
```

运行效果如图 3-5 所示。单击 Python 项或者右边的按钮,就会弹出一个选择列表,列出的是传给OptionMenu的选项列表,用户选择其中任意一个后,按钮左边的字符也会随之改变。

2. 获得选取的选项值

可以使用变量的get()方法获得选取的选项值。

```
m = v.get()
```

【例3-6】 获得选取的OptionMenu选项值的示例程序。

```
from tkinter import *
def ok():    #事件函数
    print( "value is", v.get())
    root.quit()
root = Tk()
v = StringVar(root)
v.set('Python')
om = OptionMenu(root,v,'Python','PHP','CPP','C','Java','JavaScript','VBScript')
om.pack()
button = Button(root, text = "OK", command = ok)        #OK按钮
button.pack()
root.mainloop()
```

运行效果如图3-6所示。单击OK按钮,就会输出当前选择的选项值。

图3-5　OptionMen可选菜单

图3-6　输出当前选择的选项值

3.3.4　grid布局管理器的使用

grid布局管理器会将控件放置到一个二维的表格里。窗体被分割成一系列的行和列,表格中的每个单元(cell)都可以放置一个控件。

```
w.grid_slaves(row = None, column = None)
```

返回由w窗体管理的控件列表list。如果没有提供任何参数,返回包含所有控件的list。提供row参数,返回该行所有控件;提供column参数,则返回该列所有控件。注意,行列号(row,column)从0开始算起。

例如,设置第6行第3列的标签文字为15。

```
root.grid_slaves(5,2)[0]['text'] = '15'    #grid_slaves(5,2)返回(5,2)位置中所有控件的列表
```

3.4　图形界面万年历程序设计的步骤

导入相关模块,定义 Calendar 类。

```
from tkinter import *
import time
class Calendar:
    def __init__(self):
        self.vYear = StringVar()
        self.vMonth = StringVar()
        self.vDay = StringVar()
```

leap_year(self,year) 判断年份 year 是不是闰年。

```
def leap_year(self,year):
    #判断是不是闰年
    if (year % 400 == 0) or ((year % 4 == 0) and (year % 100 != 0)):
        return True
    else:
        return False
```

year_days(self,year,month)计算本月的天数。

```
def year_days(self,year,month):            #计算本月的天数
    if month in (1,3,5,7,8,10,12):
        return 31
    elif month in (4,6,9,11):
        return 30
    else:
        if self.leap_year(year) == True:
            return 29
        else:
            return 28
```

year_days(self,year,month,day)计算自 1800 年 1 月 1 日以来经过的天数。

```
def get_total_days(self,year,month,day):
    total_days = 0
    for m in range(1800,year):
        if self.leap_year(m) == True:
            total_days += 366
        else:
            total_days += 365
    for i in range(1,month):
        total_days += self.year_days(year,i)
    return total_days
```

calcFirstDayOfMonth(self,year,month)返回当月 1 日是星期几,由 1800 年 1 月 1 日是星期三推算。星期日返回 0,星期一返回 1,星期二返回 2,以此类推,星期六返回 6。

```python
def calcFirstDayOfMonth(self,year,month):
    return (self.get_total_days(year,month,day) + 3) % 7
```

createMonth(self,master)预先放置 6×7 个 Label。

```python
def createMonth(self,master):
    '''创建日历'''
    for i in range(6):
        for j in range(7):
            Label(master,text = '').grid(row = i + 2,column = j)
```

updateDate(self)得到当前选择的日期,根据计算的月初位置,把 1～31(也可能 28,29,30)重新为设置 6×7 个标签的文本。

```python
def updateDate(self):
    '''更新日历'''
    #得到当前选择的日期
    year = int(self.vYear.get())
    month = int(self.vMonth.get())
    day = int(self.vDay.get())
    fd = self.calcFirstDayOfMonth(year,month)
    #设置所有标签文本为空
    for i in range(6):
        for j in range(7):
            #返回 grid 中(i + 2,j)位置的组件
            root.grid_slaves(i + 2,j)[0]['text'] = ''
    #计算本月的天数
    days = self.year_days(year,month)
    #重新设置标签文本为本月的日期
    for i in range(1,days + 1):
        root.grid_slaves( (i + fd - 1)//7 + 2 , (i + fd - 1) % 7 )[0]['text'] = str(i)
```

drawHeader(self,master)添加日历头部,包括年、月、日的显示与选择。

```python
def drawHeader(self,master):
    '''添加日历头部'''
    #得到当前的日期,设置为默认值
    now = time.localtime(time.time())
    col_idx = 0
    #创建年份组件
    self.vYear = StringVar()
    self.vYear.set(now[0])
    Label(master,text = '年').grid(row = 0,column = col_idx);col_idx += 1
    #设置年份可选菜单 OptionMenu 项,OptionMenu 功能与 combox 相似
    omYear = OptionMenu(master,self.vYear, * tuple(range(2005,2020)))
```

```
        omYear.grid(row = 0,column = col_idx);col_idx += 1

        #创建月份组件
        self.vMonth.set(now[1])
        Label(master,text = '月').grid(row = 0,column = col_idx);col_idx += 1
        #设置月份可选菜单 OptionMenu 项
        omMonth = OptionMenu(master,self.vMonth, * tuple(range(1,13)))
        omMonth.grid(row = 0,column = col_idx);col_idx += 1

        #创建日组件
        self.vDay.set(now[2])
        Label(master,text = '日').grid(row = 0,column = col_idx);col_idx += 1
        #设置日可选菜单 OptionMenu 项
        omDay = OptionMenu(master,self.vDay, * tuple(range(1,32)))
        omDay.grid(row = 0,column = col_idx);col_idx += 1

        #创建'更新日历'按钮
        btUpdate = Button(master,text = '更新日历',command = self.updateDate)
        btUpdate.grid(row = 0,column = col_idx);col_idx += 1
        #打印星期标签
        weeks = ['周日','周一','周二','周三','周四','周五','周六']
        for week in weeks:
            Label(master,text = week).grid(row = 1,column = weeks.index(week))
```

主程序创建 Calendar()实例对象,并添加日历头部和预先放置 6×7 个标签,最后显示本月日历信息。

```
root = Tk()
root.title("万年历")
AppCal = Calendar()
AppCal.drawHeader(root)         #添加日历头部
AppCal.createMonth(root)        #预先放置6×7个Label
AppCal.updateDate()             #显示本月日历信息
root.mainloop()
```

至此完成 Tkinter 图形界面的万年历。

第 4 章

视频讲解

调用百度API应用——在线翻译器

4.1 在线翻译器功能介绍

在线翻译器使用百度翻译开放平台提供的 API,实现简单的翻译功能时,输入自己需要翻译的单词或者句子,即可得到翻译的结果,运行界面如图 4-1 所示。该翻译器不仅能够将英文翻译成中文,也可以将中文翻译成英文,或者其他语言。

图 4-1 在线翻译器运行界面

4.2 程序设计的思路

百度翻译开放平台提供了 API,可以为用户提供高质量的翻译服务。通过调用百度翻译 API 编写在线翻译程序。

百度翻译开放平台每月提供 200 万字符的免费翻译服务,只要拥有百度账号并申请成为开发者就可以获得所需要的账号和密码。下面是开发者申请链接:

http://api.fanyi.baidu.com/api/trans/product/index

为方便使用,百度翻译开放平台提供了详细的接入文档,链接如下:

http://api.fanyi.baidu.com/api/trans/product/apidoc

在文档中列出了详细的使用方法。

按照百度翻译开放平台文档中的要求,生成 URL 请求网页,提交后可返回 JSON 数据格式的翻译结果,再将得到的 JSON 格式的翻译结果解析出来。

4.3 关键技术

4.3.1 urllib 库简介

urllib 库是 Python 标准库中最为常用的 Python 网页访问模块,它可以让你像访问本地文本文件一样读取网页内容。Python 2 系列使用的是 urllib 2,Python 3 后将其全部整合为 urllib;在 Python 3.x 中,用户可以使用 urllib 库抓取网页。

urllib 库提供了一个网页访问的简单易懂的 API 接口,还包括一些函数方法,用于进行参数编码、下载网页文等操作。这个模块的使用门槛非常低,初学者也可以尝试去抓取、读取或者保存网页。urllib 库是一个 URL 处理包,这个包中集合的一些处理 URL 的模块信息如下:

(1) urllib.request 模块是用来打开和读取 URL 的。

(2) urllib.error 模块包含一些由 urllib.request 产生的错误,可以使用 try 进行捕捉处理。

(3) urllib.parse 模块包含了一些解析 URL 的方法。

(4) urllib.robotparser 模块用来解析 robots.txt 文本文件。它提供了一个单独的 RobotFileParser 类,通过该类提供的 can_fetch() 方法测试爬虫是否可以下载一个页面。

4.3.2 urllib 库的基本使用

下面例子中将结合使用 urllib.request 和 urllib.parse 两个模块,说明 urllib 库的使用方法。

视频讲解

1. 获取网页信息

使用 urllib.request.urlopen() 这个函数就可以很轻松地打开一个网站,读取并打印网页信息。

urlopen() 函数格式:

```
urlopen(url[, data[, proxies]])
```

urlopen() 返回一个 Response 对象,然后像本地文件一样操作这个 Response 对象来获取远程数据。其中,参数 url 表示远程数据的路径,一般是网址;参数 data 表示以 POST 方式提交到 URL 的数据(提交数据的两种方式:POST 与 GET,一般情况下很少用到这个参数);参数 proxies 用于设置代理。urlopen() 还有一些可选参数,具体信息可以查阅 Python 自带的文档。

urlopen() 返回的 Response 对象提供了如下方法。

- read()、readline()、readlines()、fileno()、close():这些方法的使用方式与文件对象完全一样。
- info():返回一个 httplib.HTTPMessage 对象,表示远程服务器返回的头信息。
- getcode():返回 HTTP 状态码。如果是 HTTP 请求,200 表示请求成功完成,404

表示网址未找到。

- geturl()：返回请求的 URL。

了解到这些，就可以编写一个最简单的爬取网页的程序。

【例 4-1】 编写简单爬取网页的程序。

```
#urllib_test01.py
from urllib import request
if __name__ == "__main__":
    response = request.urlopen("http://fanyi.baidu.com")
    html = response.read()
    html = html.decode("utf-8")         #decode()命令将网页的信息进行解码,否则乱码
    print(html)
```

urllib 使用 request.urlopen()打开和读取 URL 信息，返回的对象 Response 如同一个文本对象，用户可以调用 read()进行读取，再通过 print()将读到的信息打印出来。

运行 py 程序文件，输出信息如图 4-2 所示。

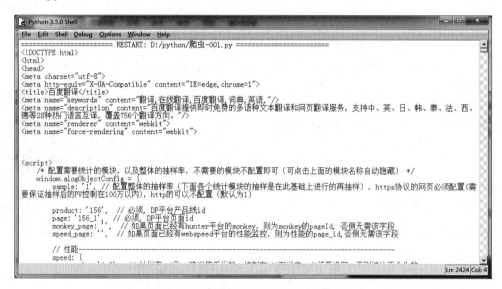

图 4-2 读取的百度翻译网页源代码

其实这就是浏览器接收到的信息，只不过用户在使用浏览器的时候，浏览器已经将这些信息转化成了界面信息供用户浏览。浏览器就是作为客户端从服务器端获取信息，然后将信息解析，再展示给用户的。

这里通过 decode()命令将网页的信息进行解码：

```
html = html.decode("utf-8")
```

当然这个前提是用户已经知道了这个网页是使用 UTF-8 编码的，怎么查看网页的编码方式呢？非常简单的方法是使用浏览器查看网页源代码，只需要找到 head 标签开始位置的 chareset，就能知道网页是采用何种编码了。百度翻译网页从图 4-1 可知是 UTF-8 编码。

例如当当网首页的源代码如下：

```
<head>
<title>当当——网上购物中心:图书、数码、家电、服装、鞋包等,正品低价,货到付款</title>
<meta http-equiv="Content-Type" content="text/html; charset=GB2312">
</head>
```

从中可知当当网首页是采用 GB 2312 编码。

需要说明的是,urlopen()函数中 url 参数不仅可以是一个字符串,例如 http://www.baidu.com,也可以是一个 Request 对象,这就需要先定义一个 Request 对象,然后将这个 Request 对象作为 urlopen()的参数使用,方法如下:

```
req = request.Request("http://fanyi.baidu.com/")    #Request 对象
response = request.urlopen(req)
html = response.read()
html = html.decode("utf-8")
print(html)
```

注意,如果要把对应文件下载到本地,可以使用 urlretrieve()函数。

```
from urllib import request
request.urlretrieve("http://www.zzti.edu.cn/_mediafile/index/2017/06/24/1qjdyc7vq5.jpg", "aaa.jpg")
```

上例就可以把网络上中原工学院的图片资源 1qjdyc7vq5.jpg 下载到本地,生成 aaa.jpg 图片文件。

2. 获取服务器响应信息

和浏览器的交互过程一样,request.urlopen()代表请求过程,它返回的 HTTPResponse 对象代表响应。返回内容作为一个对象更便于操作,HTTPResponse 对象的 status 属性返回请求 HTTP 后的状态,在处理数据之前要先判断状态情况。如果请求未被响应,则需要终止内容处理。reason 属性非常重要,可以得到未被响应的原因,url 属性是返回页面 URL。HTTPResponse.read()是获取请求的页面内容的二进制形式。

也可以使用 getheaders()返回 HTTP 响应的头信息。

【例 4-2】 编写程序返回 HTTP 响应的头信息。

```
from urllib import request
f = request.urlopen('http://fanyi.baidu.com')
data = f.read()
print('Status:', f.status, f.reason)
for k, v in f.getheaders():
    print('%s: %s' % (k, v))
```

运行程序后可以看到 HTTP 响应的头信息。

```
Status: 200 OK
Content-Type: text/html
Date: Sat, 15 Jul 2017 02:18:26 GMT
P3p: CP=" OTI DSP COR IVA OUR IND COM "
```

```
Server: Apache
Set-Cookie: locale=zh; expires=Fri, 11-May-2018 02:18:26 GMT; path=/; domain=
.baidu.com
Set-Cookie: BAIDUID=2335F4F896262887F5B2BCEAD460F5E9:FG=1; expires=Sun, 15-Jul-18
02:18:26 GMT; max-age=31536000; path=/; domain=.baidu.com; version=1
Vary: Accept-Encoding
Connection: close
Transfer-Encoding: chunked
```

同样也可以使用 Response 对象的 geturl()方法、info()方法、getcode()方法获取相关的 URL、响应信息和响应 HTTP 状态码。

【例 4-3】 编写返回 URL、响应信息和响应 HTTP 状态码的程序。

```
from urllib import request
if __name__ == "__main__":
    req = request.Request("http://fanyi.baidu.com/")
    response = request.urlopen(req)
    print("geturl 打印信息:%s" % (response.geturl()))
    print('*********************************************')
    print("info 打印信息:%s" % (response.info()))
    print('*********************************************')
    print("getcode 打印信息:%s" % (response.getcode()))
```

可以得到如下运行结果：

```
geturl 打印信息:http://fanyi.baidu.com/
*********************************************
info 打印信息:Content-Type: text/html
Date: Sat, 15 Jul 2017 02:42:32 GMT
P3p: CP=" OTI DSP COR IVA OUR IND COM "
Server: Apache
Set-Cookie: locale=zh; expires=Fri, 11-May-2018 02:42:32 GMT; path=/; domain=
.baidu.com
Set-Cookie: BAIDUID=976A41D6B0C3FD6CA816A09BEAC3A89A:FG=1; expires=Sun, 15-Jul-18
02:42:32 GMT; max-age=31536000; path=/; domain=.baidu.com; version=1
Vary: Accept-Encoding
Connection: close
Transfer-Encoding: chunked
*********************************************
getcode 打印信息:200
```

上面介绍了使用简单的语句对网页进行抓取，接下来学习如何向服务器发送数据(data)。

3. 向服务器发送数据

用户可以使用 urlopen()函数中的 data 参数，向服务器发送数据。根据 HTTP 规范，GET 用于信息获取，POST 是向服务器提交数据的一种请求。

从客户端向服务器提交数据使用 POST；从服务器获得数据到客户端使用 GET。然而 GET 也可以提交，它与 POST 的区别如下。

(1) GET 方式可以通过 URL 提交数据，待提交数据是 URL 的一部分；采用 POST 方式，待提交数据放置在 HTML HEADER 内。

(2) GET 方式提交的数据最多不超过 1024 个字节，POST 没有对提交内容的长度限制。

下面通过具体的 GET 方式和 POST 方式提交例子来说明。

(1) 用 GET 方式提交 email 和 password 信息。

```
LOGIN_URL = "http://www.kiwisns.com/postLogin/"
values = {'email':'xmj@user.com','password':'123456'}
data = urllib.parse.urlencode(values).encode()
geturl = LOGIN_URL + "?" + data        # 直接以 URL 链接提交数据,链接中包含了所有的参数
request = urllib.request.Request(geturl)
response = request.urlopen(req)        # 传入创建好的 Request 对象,用 GET 方式提交
```

(2) 用 POST 方式提交 email 和 password 信息。

```
LOGIN_URL = 'http:// www.kiwisns.com/postLogin/'
values = {'email':'xmj@user.com','password':'123456'}
data = urllib.parse.urlencode(values).encode()
request = urllib.request.Request(LOGIN_URL,data)    # 传送的数据就是这个参数 data
response = request.urlopen(req,data)                # 传入创建好的 Request 对象,用 POST 方式提交
```

如果没有设置 urlopen()函数的 data 参数，则 HTTP 请求采用 GET 方式，也就是从服务器获取信息，如果设置 data 参数，则 HTTP 请求采用 POST 方式，也就是向服务器传递数据。

data 参数有自己的格式，它是一个基于 application/x-www.form-urlencoded 的格式，具体格式用户不用了解，可以使用 urllib.parse.urlencode()函数将字符串自动转换成上述格式。

4. 使用 User Agent 隐藏身份

1) 为何要设置 User Agent

有一些网站不喜欢被爬虫程序访问，所以会检测连接对象，如果是爬虫程序，也就是非人单击访问，它就会不让继续访问，所以为了让程序可以正常运行，需要隐藏自己的爬虫程序的身份。此时，就可以通过设置 User Agent 来达到隐藏身份的目的，User Agent 的中文名为用户代理，简称 UA。

User Agent 存放于 Headers 中，服务器就是通过查看 Headers 中的 User Agent 来判断是谁在访问。在 Python 中，如果不设置 User Agent，程序将使用默认的参数，那么这个 User Agent 就会有 Python 的字样，如果服务器检查 User Agent，那么没有设置 User Agent 的 Python 程序将无法正常访问网站。

Python 允许修改这个 User Agent 来模拟浏览器访问，它的强大毋庸置疑。

2) 常见的 User Agent

(1) Android。

- Mozilla/5.0 (Linux；Android 4.1.1；Nexus 7 Build/JRO03D) AppleWebKit/535.19 (KHTML，like Gecko) Chrome/18.0.1025.166 Safari/535.19

- Mozilla/5.0（Linux；U；Android 4.0.4；en-gb；GT-I9300 Build/IMM76D）AppleWebKit/534.30（KHTML，like Gecko）Version/4.0 Mobile Safari/534.30
- Mozilla/5.0（Linux；U；Android 2.2；en-gb；GT-P1000 Build/FROYO）AppleWebKit/533.1（KHTML，like Gecko）Version/4.0 Mobile Safari/533.1

（2）Firefox。
- bMozilla/5.0（Windows NT 6.2；WOW64；rv：21.0）Gecko/20100101 Firefox/21.0
- Mozilla/5.0（Android；Mobile；rv：14.0）Gecko/14.0 Firefox/14.0

（3）Google Chrome。
- Mozilla/5.0（Windows NT 6.2；WOW64）AppleWebKit/537.36（KHTML，like Gecko）Chrome/27.0.1453.94 Safari/537.36
- Mozilla/5.0（Linux；Android 4.0.4；Galaxy Nexus Build/IMM76B）AppleWebKit/535.19（KHTML，like Gecko）Chrome/18.0.1025.133 Mobile Safari/535.19

（4）iOS。
- Mozilla/5.0（iPad；CPU OS 5_0 like Mac OS X）AppleWebKit/534.46（KHTML，like Gecko）Version/5.1 Mobile/9A334 Safari/7534.48.3
- Mozilla/5.0（iPod；U；CPU like Mac OS X；en）AppleWebKit/420.1（KHTML，like Gecko）Version/3.0 Mobile/3A101a Safari/419.3

上面列举了 Android、Firefox、Google Chrome、iOS 的一些 User Agent。

3）设置 User Agent 的方法

想要设置 User Agent，有两种方法：

（1）在创建 Request 对象的时候，填入 headers 参数（包含 User Agent 信息），这个 headers 参数要求为字典。

（2）在创建 Request 对象的时候不添加 headers 参数，在创建完成之后，使用 add_header() 方法添加 headers。

【例 4-4】 编写使用 Android 的 User Agent 程序，在创建 Request 对象的时候传入 headers 参数。

```
from urllib import request
if __name__ == "__main__":
    # 以 CSDN 为例，CSDN 不更改 User Agent 是无法访问的
    url = 'http://www.csdn.net/'
    head = {}
    # 写入 User Agent 信息
    head['User-Agent'] = 'Mozilla/5.0 (Linux; Android 4.1.1; Nexus 7 Build/JRO03D) AppleWebKit/535.19 (KHTML, like Gecko) Chrome/18.0.1025.166 Safari/535.19'
    req = request.Request(url, headers = head)      # 创建 Request 对象
    response = request.urlopen(req)                  # 传入创建好的 Request 对象
    html = response.read().decode('utf-8')           # 读取响应信息并解码
    print(html)                                      # 打印信息
```

【例 4-5】 编写使用 Android 的 User Agent 程序，在创建 Request 对象时不传入 headers 参数，创建之后使用 add_header() 方法添加 headers 参数。

第4章　调用百度API应用——在线翻译器

```
from urllib import request
if __name__ == "__mai__":
    #以 CSDN 为例,CSDN 不更改 User Agent 是无法访问的
    url = 'http://www.csdn.net/'
    req = request.Request(url)                    #创建 Request 对象
    req.add_header('User-Agent', 'Mozilla/5.0 (Linux; Android 4.1.1; Nexus 7 Build/JRO03D)
AppleWebKit/535.19 (KHTML, like Gecko) Chrome/18.0.1025.166 Safari/535.19')   #传入 headers
    response = request.urlopen(req)               #传入创建好的 Request 对象
    html = response.read().decode('utf-8')        #读取响应信息并解码
    print(html)                                    #打印信息
```

4.4 程序设计的步骤

4.4.1 设计界面

视频讲解

采用 Tkinter 的 place 布局管理器设计 GUI 图形界面,运行效果如图 4-3 所示。

图 4-3　place 布局管理器

新建文件 translate_test.py,编写如下代码:

```
from tkinter import *
if __name__ == "__main__":
    root = Tk()
    root.title("单词翻译器")
    root['width'] = 250;root['height'] = 130
    Label(root,text = '输入要翻译的内容:',width = 15).place(x = 1,y = 1)  #绝对坐标(1,1)
    Entry1 = Entry(root,width = 20)
    Entry1.place(x = 110,y = 1)                                          #绝对坐标(110,1)
    Label(root,text = '翻译的结果:',width = 18).place(x = 1,y = 20)      #绝对坐标(1,20)
    s = StringVar()                                                      #一个 StringVar()对象
    s.set("大家好,这是测试")
    Entry2 = Entry(root,width = 20,textvariable = s)
    Entry2.place(x = 110,y = 20)                                         #绝对坐标(110,20)
    Button1 = Button(root,text = '翻译',width = 8)
    Button1.place(x = 40,y = 80)                                         #绝对坐标(40,80)
    Button2 = Button(root,text = '清空',width = 8)
    Button2.place(x = 110,y = 80)                                        #绝对坐标(110,80)
    #给 Button 绑定鼠标监听事件
```

```
Button1.bind("<Button-1>",leftClick)        #"翻译"按钮
Button2.bind("<Button-1>",leftClick2)       #"清空"按钮
root.mainloop()
```

4.4.2 使用百度翻译开放平台API

使用百度翻译需要向http://api.fanyi.baidu.com/api/trans/vip/translate通过POST或GET方式发送表4-1中的请求参数来访问服务。

表4-1 请求参数

参数名	类型	必填参数	描述	备注
q	TEXT	Y	请求翻译query	UTF-8编码
from	TEXT	Y	翻译源语言	语言列表(可设置为auto)
to	TEXT	Y	译文语言	语言列表(不可设置为auto)
appid	INT	Y	APP ID	可在管理控制台查看
salt	INT	Y	随机数	
sign	TEXT	Y	签名	appid+q+salt+密钥的MD5值

sign(签名)是为了保证调用安全,使用MD5算法生成的一段字符串,生成的签名长度为32位,签名中的英文字符均为小写格式。为保证翻译质量,请将单次请求长度控制在6000B以内(汉字约为2000个)。

签名生成方法如下:

(1) 将请求参数中的APPID(appid)、翻译query(q,注意为UTF-8编码)、随机数(salt)以及平台分配的密钥(可在管理控制台查看)按照appid+q+salt+密钥的顺序拼接得到字符串1。

(2) 对字符串1做MD5加密,得到32位小写的sign。

注意:

(1) 先将需要翻译的文本转换为UTF-8编码。

(2) 在发送HTTP请求之前需要对各字段做URL编码。

(3) 在生成签名拼接appid+q+salt+密钥字符串时,q不需要做URL编码,在生成签名之后,发送HTTP请求之前才需要对要发送的待翻译文本字段q做URL编码。

例如将apple从英文翻译成中文。

请求参数:

```
q = apple
from = en
to = zh
appid = 2015063000000001
salt = 1435660288
平台分配的密钥:12345678
```

生成签名参数sign:

（1）拼接字符串 1。

拼接 appid = 2015063000000001 + q = apple + salt = 1435660288 + 密钥 = 12345678
得到字符串 1 = 2015063000000001apple143566028812345678

（2）计算签名 sign（对字符串 1 做 MD5 加密，注意计算 MD5 之前，串 1 必须为 UTF-8 编码）。

sign = md5(2015063000000001apple143566028812345678)
sign = f89f9594663708c1605f3d736d01d2d4

通过 Python 提供的 hashlib 模块中的 hashlib.md5() 可以实现签名计算。例如：

```
import hashlib
m = '2015063000000001apple143566028812345678'
m_MD5 = hashlib.md5(m)
sign = m_MD5.hexdigest()
print( 'm = ',m)
print ('sign = ',sign)
```

得到签名之后，按照百度文档中的要求，生成 URL 请求，提交后可返回翻译结果。
完整请求为：

http://api.fanyi.baidu.com/api/trans/vip/translate? q = apple&from = en&to = zh&appid = 2015063000000001&salt = 1435660288&sign = f89f9594663708c1605f3d736d01d2d4

也可以使用 POST 方式传送需要的参数。
本章案例采用 urllib.request.urlopen() 函数中的 data 参数，向服务器发送数据。
下面是发送 data 实例，向"百度翻译"发送要翻译的数据 data，得到翻译结果。

```
from tkinter import *
from urllib import request
from urllib import parse
import json
import hashlib
def translate_Word(en_str):
    # simulation browse load host url,get cookie
    URL = 'http://api.fanyi.baidu.com/api/trans/vip/translate'
    # en_str = input("请输入要翻译的内容:")
    # 创建 Form_Data 字典,存储向服务器发送的 Data
    # Form_Data = {'from':'en','to':'zh','q':en_str,''appid'':'2015063000000001', 'salt':
        '1435660288'}
    Form_Data = {}
    Form_Data['from'] = 'en'
    Form_Data['to'] = 'zh'
    Form_Data['q'] = en_str                        # 要翻译数据
    Form_Data['appid'] = '2015063000000001'        # 申请的 APP ID
    Form_Data['salt'] = '1435660288'
    Key = "12345678"                               # 平台分配的密钥
```

```python
    m = Form_Data['appid'] + en_str + Form_Data['salt'] + Key
    m_MD5 = hashlib.md5(m.encode('utf8'))
    Form_Data['sign'] = m_MD5.hexdigest()

    data = parse.urlencode(Form_Data).encode('utf-8')   #使用urlencode()方法转换标准格式
    response = request.urlopen(URL,data)                #传递Request对象和转换完格式的数据
    html = response.read().decode('utf-8')              #读取信息并解码
    translate_results = json.loads(html)                #使用JSON
    print(translate_results)                            #打印出JSON数据
    translate_results = translate_results['trans_result'][0]['dst']   #找到翻译结果
    print("翻译的结果是:%s" % translate_results)        #打印翻译信息
    return translate_results
def leftClick(event):                                   #"翻译"按钮事件函数
    en_str = Entry1.get()                               #获取要翻译的内容
    print(en_str)
    vText = translate_Word(en_str)
    Entry2.config(Entry2,text = vText)                  #修改"翻译的结果"框中的文字
    s.set("")
    Entry2.insert(0,vText)
def leftClick2(event):                                  #"清空"按钮事件函数
    s.set("")
    Entry2.insert(0,"")
```

这样就可以查看翻译的结果了,如下所示:

```
输入要翻译的内容: I am a teacher
翻译的结果是:我是个教师.
```

得到的JSON数据如下:

```
{'from': 'en', 'to': 'zh', 'trans_result': [{'dst': '我是个教师.', 'src': 'I am a teacher'}]}
```

返回结果是JSON格式,包含表4-2中的字段。

表4-2 翻译结果的JSON字段

字 段 名	类 型	描 述
from	TEXT	翻译源语言
to	TEXT	译文语言
trans_result	MIXED LIST	翻译结果
src	TEXT	原文
dst	TEXT	译文

其中,trans_result包含了src和dst字段。

JSON是一种轻量级的数据交换格式,其中保存着用户想要的翻译结果。需要从爬取到的内容中找到JSON格式的数据,再将得到的JSON格式的翻译结果解析出来。

这里向服务器发送数据Form_Data,也可以直接编写:

```
Form_Data = {'from':'en', 'to':'zh', 'q':en_str,''appid'':'2015063000000001', 'salt': '1435660288'}
```

现在只做了将英文翻译成中文,稍微改一下就可以将中文翻译英文了:

```
Form_Data = { 'from':'zh', 'to':'en', 'q':en_str,''appid'':'2015063000000001', 'salt':'1435660288' }
```

这一行中的 from 和 to 的取值,可以用于其他语言之间的翻译。当源语言语种不确定时可设置为 auto,目标语言语种不可设置为 auto。百度翻译支持的语言简写如表 4-3 所示。

表 4-3 百度翻译支持的语言简写

语言简写	名 称	语言简写	名 称
auto	自动检测	bul	保加利亚语
zh	中文	est	爱沙尼亚语
en	英语	dan	丹麦语
yue	粤语	fin	芬兰语
wyw	文言文	cs	捷克语
jp	日语	rom	罗马尼亚语
kor	韩语	slo	斯洛文尼亚语
fra	法语	swe	瑞典语
spa	西班牙语	hu	匈牙利语
th	泰语	cht	繁体中文
ara	阿拉伯语	vie	越南语
ru	俄语	el	希腊语
pt	葡萄牙语	nl	荷兰语
de	德语	pl	波兰语

读者可尝试查阅资料编程,向"有道翻译"(http://fanyi.youdao.com/translate?smartresult=dict)发送要翻译的数据,得到翻译结果。

4.5 API 调用拓展——爬取天气预报信息

目前绝大多数网站以动态网页的形式发布信息,所谓动态网页就是用相同的格式呈现不同的内容。例如,每天访问中国天气网,看到的信息呈现格式是不变的,但天气信息数据是变化的。如果网站没有提供 API 调用的功能,则可以先获取网页数据,然后将网页数据转换为字符串后利用正则表达式提取所需的内容,即所谓的爬虫方式。利用爬虫经常获取的是网页中动态变化的数据,因此,爬虫程序是自动获取网页中动态变化数据的工具。

中国天气网(http://www.weather.com.cn)向用户提供国内各城市天气信息,并提供 API 供程序获取所需的天气数据,返回数据格式为 JSON。

中国天气网提供的 API 网址类似 http://t.weather.itboy.net/api/weather/city/101180101,其中,101180101 为城市编码。各城市编码可通过网络搜索取得。例如:

```
郑州    101180101    荥阳    101180103    新郑    101180106    新密    101180105
登封    101180104    中牟    101180107    巩义    101180102    上街    101180108
卢氏    101181704    灵宝    101181702    三门峡  101181701    义马    101181705
```

渑池　101181703　陕县　101181706　南阳　101180701　新野　101180709
邓州　101180711　南召　101180702　方城　101180703

下面代码为调用 API 在中国天气网获取郑州市当天天气预报数据的实例。

```python
import urllib.request            # 引入 urllib 包中的模块 request
import json                      # 引入 JSON 模块
code = '101180101'               # 郑州市城市编码
# 用字符串变量 url 保存合成的网址
# url = 'http://www.weather.com.cn/data/cityinfo/%s.html'% code
url = 'http://t.weather.itboy.net/api/weather/city/%s'% code
print('url = ',url)
obj = urllib.request.urlopen(url)  # 调用函数 urlopen()打开合成的网址,结果保存到对象 obj 中
print('type(obj) = ',type(obj))  # 输出 obj 的类型
data_b = obj.read()  # 调用函数 read()从对象 obj 中读取内容,内容为字节流数据
# print('字节流数据 = ',data_b)
data_s = data_b.decode('utf-8')  # 字节流数据转换为字符串数据
# print('字符串数据 = ',data_s)
# 调用 json 模块的函数 loads()将 data_s 中保存的字符串数据转换为字典型数据
data_dict = json.loads(data_s)
print('data_dict = ',data_dict)  # 输出字典 data_dict 的内容
rt = data_dict['data']  # 取得键为"data"的内容
twoweekday = rt['forecast']  # 获取 2 周天气
today = twoweekday[0]  # twoweekday[0]是今天
print('today = ',today)  # twoweekday[0]仍然为字典型变量
# 获取城市名称、日期、天气状况、最高温和最低温
my_rt = ('%s,%s,%s,%s~%s')%(data_dict['cityInfo']['city'],data_dict['date'],today['type'],today['high'],today['low'])
print(my_rt)
```

上面代码中,用字符串变量 url 保存合成的网址,该网址为给定编码城市的当天天气预报。调用函数 urlopen()打开给定的网址,结果返回到对象 obj 中。调用函数 read()从对象 obj 中读取天气预报内容,最后调用 JSON 的函数 loads()将天气预报内容转换为字典型数据,保存到字典型变量 data_dict 中。从字典型变量 data_dict 中取得键为 data 的内容,保存到变量 rt 中,rt 仍然为字典型变量,rt['forecast']存储 2 周天气。

城市名称、天气状况、最高温和最低温,这些内容均从字典型变量 today 中取得,键分别为"type""high""low"。

代码运行结果如下。

```
url = http://t.weather.itboy.net/api/weather/city/101180101
type(obj) = <class 'http.client.HTTPResponse'>
data_dict = {'message': 'success 感谢又拍云(upyun.com)提供 CDN 赞助', 'status': 200, 'date': '20231220', 'time': '2023-12-20 20:40:28', 'cityInfo': {'city': '郑州市', 'citykey': '101180101', 'parent': '河南', 'updateTime': '19:31'}, 'data': {'shidu': '46%', 'pm25': 42.0, 'pm10': 58.0, 'quality': '良', 'wendu': '-7', 'ganmao': '极少数敏感人群应减少户外活动', 'forecast': [{'date': '20', 'high': '高温 0℃', 'low': '低温 -7℃', 'ymd': '2023-12-20', 'week': '星期三', 'sunrise': '07:28', 'sunset': '17:17', 'aqi': 62, 'fx': '东北风', 'fl': '2级', 'type': '晴', 'notice': '愿你拥有比阳光明媚的心情'}, {'date': '21', 'high': '高温 -3℃', 'low': '低温 -10℃', 'ymd': '2023-12-21', 'week': '星期四', 'sunrise': '07:29', 'sunset': '17:18', 'aqi': 78, 'fx': '西北风', 'fl': '3级', 'type': '晴', 'notice': '愿你拥有比阳光明媚的心情'}, ……]}
```

```
today = {'date': '20', 'high': '高温 0℃', 'low': '低温 -7℃', 'ymd': '2023-12-20', 'week': '星期
三', 'sunrise': '07:28', 'sunset': '17:17', 'aqi': 62, 'fx': '东北风', 'fl': '2级', 'type': '晴',
'notice': '愿你拥有比阳光明媚的心情'}
郑州市,20231220,晴,高温 0℃ ～低温 -7℃
```

从结果可知,函数 urlopen()的返回值为来自服务器的回应对象,调用其 read()函数可得字节流类型的数据,将字节流类型的数据转换为字符串类型,即为 JSON 数据。调用 JSON 函数 loads()可将 JSON 数据转换为字典型数据,而中国天气网返回的数据为嵌套的字典型数据,因此,首先通过 rt=data_dict['data']取得城市今天天气预报信息 today,再通过 today['type']、today['high']和 today['low']取得具体的数据。

第 5 章

视频讲解

文件应用——公交查询系统

5.1 公交查询系统功能介绍

随着公交系统的逐渐庞大，人们很难得到准确的公交信息，这样给人们的出行就带来了不便。因此，急需一个方便、快捷的公交信息查询方式。本系统提供了换乘查询功能、路线查询功能。乘客可以方便地进行查询，以防乘错车次。本系统主要有 4 个模块：线路查询、站点查询、换乘查询和后台管理模块。

（1）线路查询：可以获得要查询公交所通过的各个站点。

（2）站点查询：通过输入的指定站点查询经过该站点的公交。

（3）换乘查询：分为公交直达、公交一次换乘，主要体现那些不可直达需要转车的路线的所有换乘方法。

（4）后台管理：用于管理员登录，添加、修改、删除公交线路等功能。

5.2 程序设计的思路

程序需要存储各公交线路站点信息，这里采用文件存储线路信息，形式如下：

1s％通利公交公司％长途客运西站％建设路国棉六厂％建设路桐柏路站％建设路文化宫路站％建设路工人路站％碧沙岗公园西门％绿城广场％嵩山路伊河路站％解放军测绘学院％市骨科医院％陇海路路寨％陇海路京广客运站％陇海路铁英街站％郑州铁路局％锦荣商贸城％福寿街大同路站％火车站％6：00-21：00 票价1元 ABCD 卡有效

1x％火车站％一马路陇海路站％郑州铁路局％陇海路铁英街站％陇海路京广客运站％陇海路路寨％市骨科医院％解放军测绘学院％嵩山路伊河路站％绿城广场％碧沙岗公园西门％碧沙岗％建设路工人路站％建设路文化宫路站％建设路桐柏路站％建设路国棉六厂％华山路建设路站％通利公交公司％6：00-21：00 票价1元 ABCD 卡有效

......

其中,1s为上行,1x为下行。站点信息之间用%分隔。

公交查询系统程序从文件中读取线路信息,其中线路信息存入rote字典中,线路名存入rotename列表中。rote字典存储形式为{线路名:线路经过站点的列表}。

例如,以上线路信息存入rote字典时键名为线路名1s,键对应内容为1s线路经过站点的列表:

```
print(rote['1s'])
print(rote['1x'])
```

结果如下:

```
['通利公交公司', '长途客运西站', '建设路国棉六厂', '建设路桐柏路站', '建设路文化宫路站', '建设路工人路站', '碧沙岗公园西门', '绿城广场', '嵩山路伊河路站', '解放军测绘学院', '市骨科医院', '陇海路路寨', '陇海路京广客运站', '陇海路铁英街站', '郑州铁路局', '锦荣商贸城', '福寿街大同路站', '火车站']
['火车站', '一马路陇海路站', '郑州铁路局', '陇海路铁英街站', '陇海路京广客运站', '陇海路路寨', '市骨科医院', '解放军测绘学院', '嵩山路伊河路站', '绿城广场', '碧沙岗公园西门', '建设路工人路站', '建设路文化宫路站', '建设路桐柏路站', '建设路国棉六厂', '华山路建设路站', '通利公交公司']
```

当线路信息存入rote字典后,线路查询、站点查询、换乘功能实现就可转换为对rote字典的相应操作。

5.3 Python文件的使用

在程序运行时,数据保存在内存的变量里。内存中的数据在程序结束或关机后就会消失。如果想要在下次开机运行程序时还使用同样的数据,就需要把数据存储在不易失的存储介质中,比如硬盘、光盘或U盘里。不易失存储介质上的数据保存在以存储路径命名的文件中。通过读/写文件,程序就可以在运行时保存数据。本节学习使用Python在磁盘上创建、读写以及关闭文件。

使用的文件与人们日常生活中所使用的记事本很相似。在使用记事本时需要先打开本子,使用后要合上它。打开记事本后,既可以读取信息,也可以向本子里写。不管哪种情况,都需要知道在哪里进行读/写。在记事本中既可以一页页从头到尾地读或写,也可以直接跳转到需要的地方进行读/写。

在Python中对文件的操作通常按照以下3个步骤进行:

(1) 使用open()函数打开(或建立)文件,返回一个file对象。

(2) 使用file对象的读/写方法对文件进行读/写的操作。其中,将数据从外存传输到内存的过程称为读操作,将数据从内存传输到外存的过程称为写操作。

(3) 使用file对象的close()方法关闭文件。

5.3.1 打开(建立)文件

在Python中要访问文件,必须打开Python Shell与磁盘上文件之间的连接。当使用 open()函数打开或建立文件时,会建立文件和使用它的程序之间的连接,并返回代表连接的文件对象。通过文件对象,就可以在文件所在磁盘和程序之间传递文件内容,执行文件上所有后续操作。

open()函数用来打开文件。open()函数需要一个字符串路径,表明希望打开文件,并返回一个文件对象。语法如下:

```
fileobj = open(filename[,mode[,buffering]])
```

其中,fileobj 是 open()函数返回的文件对象。参数 filename(文件名)是必写参数,它既可以是绝对路径,也可以是相对路径。mode(模式)和 buffering(缓冲)可选。

mode 是指明文件类型和操作的字符串,可以使用的值如表 5-1 所示。

表 5-1 open()函数中 mode 参数常用值

值	描述
'r'	读模式。如果文件不存在,则发生异常
'w'	写模式。如果文件不存在,则创建文件再打开;如果文件存在,则清空文件内容再打开
'a'	追加模式。如果文件不存在,则创建文件再打开;如果文件存在,打开文件后将新内容追加至原内容之后
'b'	二进制模式,可添加到其他模式中使用
'+'	读/写模式,可添加到其他模式中使用

下面举例说明 open()函数的使用。

先用记事本创建一个文本文件,取名为 hello.txt。输入以下内容并保存在文件夹 d:\python 中:

```
Hello!
Henan Zhengzhou
```

在交互式环境中输入以下代码:

```
>>> helloFile = open("d:\\python\\hello.txt")
```

这条命令将以读取文本文件的方式打开放在 D 盘下 Python 文件夹下的 hello.txt 文件。"读模式"是 Python 打开文件的默认模式。当文件以读模式打开时,只能从文件中读取数据而不能向文件写入或修改数据。

当调用 open()函数时将返回一个文件对象,在本例中文件对象保存在 helloFile 变量中。

```
>>> print (helloFile)
<_io.TextIOWrapper name = 'd:\\python\\hello.txt' mode = 'r' encoding = 'cp936'>
```

打印文件对象时可以看到文件名、读/写模式和编码格式。cp936 就是指 Windows 系统里第 936 号编码格式,即 GB 2312。接下来就可以调用 helloFile 文件对象的方法读取文件中的数据了。

5.3.2 读取文本文件

文件打开后,才能读/写或读并且写文件内容。读取文件内容可通过调用文件 file 对象的多个方法实现。

1. read()方法

不设置参数的 read()方法将整个文件的内容读取为一个字符串。read()方法一次读取文件的全部内容,性能根据文件大小而变化,比如 1GB 的文件读取时需要使用同样大小的内存。

【例 5-1】 调用 read()方法读取 hello.txt 文件中的内容。

```
helloFile = open("d:\\python\\hello.txt")
fileContent = helloFile.read()
helloFile.close()
print(fileContent)
```

输出结果:

```
Hello!
Henan Zhengzhou
```

也可以设置最大读入字符数来限制 read()函数一次返回的大小。

【例 5-2】 设置参数一次读取 3 个字符读取文件。

```
helloFile = open("d:\\python\\hello.txt")
fileContent = ""
while True:
    fragment = helloFile.read(3)
    if fragment == "":         #或者 if not fragment
        break
    fileContent += fragment
helloFile.close()
print(fileContent)
```

当读到文件结尾时,read()方法会返回空字符串,此时 fragment=="" 成立,退出循环。

2. readline()方法

readline()方法从文件中获取一个字符串,每个字符串就是文件中的每一行。

【例 5-3】 调用 readline()方法读取 hello.txt 文件的内容。

```
helloFile = open("d:\\python\\hello.txt")
fileContent = ""
while True:
    line = helloFile.readline()
    if line == "":         #或者 if not line
        break
    fileContent += line
helloFile.close()
print(fileContent)
```

当读取到文件结尾时，readline()方法同样返回空字符串，使得 line==""成立，跳出循环。

3. readlines()方法

readlines()方法返回一个字符串列表，其中的每一项是文件中每一行的字符串。

【例 5-4】 使用 readlines()方法读取文件内容。

```
helloFile = open("d:\\python\\hello.txt")
fileContent = helloFile.readlines()
helloFile.close()
print(fileContent)
for line in fileContent:            #输出列表
    print(line)
```

readlines()方法也可以设置参数，指定一次读取的字符数。

5.3.3 写文本文件

写文件与读文件相似，都需要先创建文件对象连接。所不同的是，写文件在打开文件时是以"写"模式或"添加"模式打开。如果文件不存在，则创建该文件。

视频讲解

与读文件时不能添加或修改数据类似，写文件时也不允许读取数据。"w"为写模式，打开已有文件时，会覆盖文件原有内容，从头开始，就像用一个新值覆写一个变量的值。

```
>>> helloFile = open("d:\\python\\hello.txt","w")    #"w"为写模式,打开已有文件时会覆盖
                                                     #文件原有内容
>>> fileContent = helloFile.read()
Traceback (most recent call last):
  File "<pyshell#1>", line 1, in <module>
    fileContent = helloFile.read()
IOError: File not open for reading
>>> helloFile.close()
>>> helloFile = open("d:\\python\\hello.txt")
>>> fileContent = helloFile.read()
>>> len(fileContent)
0
>>> helloFile.close()
```

由于写模式打开已有文件，文件原有内容会被清空，所以再次读取内容时长度为 0。

1. write()方法

write()方法将字符参数写入文件。

【例 5-5】 用 write()方法写文件。

```
helloFile = open("d:\\python\\hello.txt","w")
helloFile.write("First line.\nSecond line.\n")
helloFile.close()
helloFile = open("d:\\python\\hello.txt","a")
helloFile.write("third line.")
```

```
helloFile.close()
helloFile = open("d:\\python\\hello.txt")
fileContent = helloFile.read()
helloFile.close()
print(fileContent)
```

运行结果：

```
First line.
Second line.
third line.
```

当以写模式打开文件 hello.txt 时，文件原有内容被覆盖。调用 write()方法将字符串参数写入文件，这里"\n"代表换行符。关闭文件之后再次以添加模式打开文件 hello.txt，调用 write 方法写入的字符串"third line."被添加到了文件末尾。最终以读模式打开文件后读取到的内容共有三行字符串。

注意：write()方法不能自动在字符串末尾添加换行符，需要自己添加"\n"。

【例 5-6】 完成一个自定义函数 copy_file()，实现文件的复制功能。

copy_file()函数需要两个参数，指定需要复制的文件 oldfile 和文件的备份 newfile。分别以读模式和写模式打开两个文件，从 oldfile 一次读入 50 个字符并写入 newfile。当读到文件末尾时 fileContent==""成立，退出循环并关闭两个文件。

```
def copy_file(oldfile,newfile):
    oldFile = open(oldfile,"r")
    newFile = open(newfile,"w")
    while True:
        fileContent = oldFile.read(50)
        if fileContent == "":              #读到文件末尾时
            break
        newFile.write(fileContent)
    oldFile.close()
    newFile.close()
    return
copy_file("d:\\python\\hello.txt","d:\\python\\hello2.txt")
```

2. writelines()方法

writelines()方法向文件写入一个序列字符串列表，如果需要换行则要自己加入每行的换行符。

【例 5-7】 writelines()方法示例程序，实现将列表内容写入 log.txt 文件。

```
obj = open("log.txt","w")
list02 = ["11","test","hello","44","55"]
obj.writelines(list02)
obj.close()
```

运行结果是生成一个 log.txt 文件，内容是"11testhello4455"，可见没有换行。另外，应注意writelines()方法写入的序列必须是字符串序列,整数序列会产生错误。

5.3.4 文件内移动

无论读或写文件,Python都会跟踪文件中的读/写位置。在默认情况下,文件的读/写都从文件的开始位置进行。Python提供了控制文件读/写起始位置的方法,使得用户可以改变文件读/写操作发生的位置。

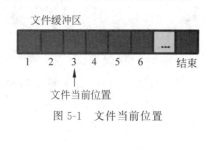

图5-1 文件当前位置

当使用open()函数打开文件时,open()函数在内存中创建缓冲区,将磁盘上的文件内容复制到缓冲区。文件内容复制到文件对象缓冲区后,文件对象将缓冲区视为一个大的列表,其中的每一个元素都有自己的索引,文件对象按字节对缓冲区索引计数。同时,文件对象对文件当前位置,即当前读/写操作发生的位置进行维护,如图5-1所示。许多方法隐式使用当前位置。比如调用readline()方法后,文件当前位置移动到下一个回车处。

Python使用一些函数跟踪文件当前位置。tell()函数可以计算文件当前位置和开始位置之间的字节偏移量。

```
>>> exampleFile = open("d:\\python\\example.txt","w")
>>> exampleFile.write("0123456789")
>>> exampleFile.close()
>>> exampleFile = open("d:\\python\\example.txt")
>>> exampleFile.read(2)
'01'
>>> exampleFile.read(2)
'23'
>>> exampleFile.tell()
4
>>> exampleFile.close()
```

这里exampleFile.tell()函数返回的是一个整数4,表示文件当前位置和开始位置之间有4字节偏移量。因为已经从文件中读取4个字符了,所以有4字节偏移量。

seek()函数设置新的文件当前位置,允许在文件中跳转,实现对文件的随机访问。

seek()函数有两个参数:第一个参数是字节数;第二个参数是引用点。seek()函数将文件当前指针由引用点移动指定的字节数到指定的位置。语法如下:

```
seek(offset[,whence])
```

说明:offset是一个字节数,表示偏移量。引用点whence有如下3个取值。

- 文件开始处为0,也是默认取值,意味着使用该文件的开始处作为基准位置,此时字节偏移量必须非负。
- 当前文件位置为1,则是使用当前位置作为基准位置。此时偏移量可以取负值。
- 文件结尾处为2,则该文件的末尾将被作为基准位置。

5.3.5 文件的关闭

文件使用后，必须调用 close() 方法将其关闭。关闭文件是取消程序和文件之间连接的过程，内存缓冲区的所有内容将写入磁盘，因此必须在使用文件后关闭文件确保信息不会丢失。

要确保文件关闭，可以使用 try-finally 语句，在 finally 子句中调用 close() 方法：

```python
helloFile = open("d:\\python\\hello.txt","w")
try:
    helloFile.write("Hello,Sunny Day!")
finally:
    helloFile.close()
```

也可以使用 with 语句自动关闭文件：

```python
with open("d:\\python\\hello.txt") as helloFile:
    s = helloFile.read()
print(s)
```

with 语句可以打开文件并赋值给文件对象，之后就可以对文件进行操作。文件会在语句结束后自动关闭，即使是由于异常引起的结束也是如此。

5.4 程序设计的步骤

```python
import math
rote = {}              #线路信息的字典
rotename = []          #线路名的列表
```

readRote() 是读取线路信息的函数。readRote() 从 gongjiao.txt 文件中读取线路信息（一行一个线路），按 % 分隔后，第一个数据项是线路名（如 1s,201x）存入 rotename，以后数据项存入 rote 字典相应键值对中。其中 rote 字典中键为线路名，对应值为线路经过站点列表。

```python
def readRote():
    fp = open("gongjiao.txt",'r', encoding = 'gbk')   #注意文本文件编码,也可能为 UTF-8
    #UnicodeDecodeError: 'gbk' codec can't decode byte 0xbf: illegal multibyte sequence
    fileContent = ""
    while True:
        line = fp.readline()
        if line == "":                                #或者 if not line
            break
        fileContent += line + '\n';
        list1 = line.split("%")                       #按 % 分隔
        rotename.append(list1[0])                     #线路名(如 1s,201x)存入 rotename
```

```
        rote[list1[0]] = list1[1:-1]        #list[:-1]    #增加键对
    fp.close()                              #文件关闭
    #print(rote.values())
    #print(rote['1x'])
```

findRote()是线路查询功能的函数。判断线路信息字典rote是否有此线路名的键,如果存在就打印出此线路名的键对应值(即此线路信息)。

```
def findRote():                             #线路查询功能
    findRoteName = input("请输入查询线路名")
    if findRoteName in rote:
        print(rote[findRoteName])
    else:
        print("输入有错误!没有你要查询的线路")
```

findStation()是站点查询功能的函数。仅仅需要遍历线路信息的字典rote,判断键值value(线路经过的站点)是否有查询站点名,如果有则打印出来键key(线路名)。

```
def findStation():                          #站点查询功能
    stationName = input("请输入查询站点名")
    print('经过此站点的线路有: ',end = ' ')
    #遍历字典
    for key,value in rote.items():
        if(stationName in value):
            print(key,end = '; ')
    print()
```

huanRote()是换乘查询功能的函数。此函数功能比较复杂,首先需要判断起始站点到终点之间是否有直达线路,无直达线路则需要换乘。

直达判断比较简单,仅仅需要判断起始站点到终点是否在同一个线路上。

换乘功能算法是找出经过起始站点的线路存入S列表,经过终点的线路存入D列表。然后判断S列表中key1线路和D列表中key2线路是否有相同站点sameStationName。如果有相同站点sameStationName,则乘客从起始站点经过key1线路到sameStationName相同站点,换成key2线路可以到达终点。为了便于用户选择换乘,并计算经过的站点数。

```
def huanRote():                             #换乘查询功能
    startStationName = input("请输入起始站点名")    #"火车站"
    endStationName = input("请输入终点名")          #"绿城广场"
    canGo = False
    #直达判断
    for key,value in rote.items():
        if (startStationName in value) and (endStationName in value):   #在同一线路上
            canGo = True
            print("公交可直达线路",key)
    if canGo == False:
        print("公交不可直达")
        #换乘
```

```
        S = []          #经过起始站点的线路
        D = []          #经过终点的线路
        for key,value in rote.items():
            if (startStationName in value):
                S.append(key)
        for key,value in rote.items():
            if (endStationName in value):
                D.append(key)
        #判断线路之间是否有相同站点
        for key1 in S:
          for key2 in D:
            if hasSameStation(key1,key2):
                sameStationName = hasSameStation(key1,key2)
                n1 = stationNum(startStationName,sameStationName,key1)
                n2 = stationNum(endStationName,sameStationName,key2)
                print("经过 key1 线路" + key1 + n1 + "站到" + hasSameStation(key1,key2) + "换
成 key2 线路" + key2 + n2 + "站到达" + endStationName)

#判断线路之间是否有相同站点
def hasSameStation(key1,key2):
    for stationName in rote[key1]:
        if stationName in rote[key2]:
            return stationName
    return False
#两个站点之间的站数
def stationNum(Station1,Station2,roteName):
    for i in range(len(rote[roteName])):
        stationName = rote[roteName][i]
        if Station1 == stationName:
            i1 = i
        if Station2 == stationName:
            i2 = i
    return str(int(math.fabs(i1 - i2)))
```

main()是主函数,是公交查询系统程序的入口函数。主要通过循环实现用户功能选择。

```
def main(): #主函数
    readRote()
    while True:
        print( "******************** ")
        print( u"-------- 菜单 ---------")
        print( u"线路查询 ------------ 1")
        print( u"站点查询 ------------ 2")
        print( u"换乘查询 ------------ 3")
        print( u"添加线路信息 -------- 4")
        print( u"退出程序 ------------ 0")
        print( "******************** ")
        nChoose =  input("请输入你的选择:")
```

```
            if nChoose == "1":
                findRote()
            elif nChoose == "2":
                findStation()
            elif nChoose == "3":
                huanRote()
            elif nChoose == "4":
                #添加线路信息
                fp = open("gongjiao.txt",'a', encoding = 'gbk')
                addRoteName = input("请输入添加线路名")
                addRoteContent = input("请输入添加线路经过的站点及运行时间,%分隔\n")
                fp.write(addRoteName + "%" + addRoteContent + "\n")
                fp.close()
                rotename.append(addRoteName)                #添加到线路名的列表
                rote[addRoteName] = addRoteContent          #添加到线路信息的字典
            elif nChoose == "0":
                rotename.append(addRoteName)                #添到线路名的列表
                rote[addRoteName] = addRoteContent          #添到线路信息的字典
            elif nChoose == "0":
                break
```

最后是调用 main() 函数。

```
main()           #该程序的入口函数
```

运行结果如下：

```
*********************
----------菜单----------
线路查询------------1
站点查询------------2
换乘查询------------3
添加线路信息--------4
退出程序------------0
*********************
请输入你的选择:1
请输入查询线路名 3s
['黄岗寺', '武警医院分院(嵩山路)站', '亚星盛世家园', '长江路淮南街站', '长江路大学路站', '长江路建云路站', '长江路京广路站', '长江路碧云路站', '长江路邱寨', '长江路花寨路站', '十里铺', '紫荆山南路', '紫荆山路城东路站', '紫荆山路新郑路站', '紫荆山路航海路站', '紫荆山路金城街站', '二里岗南街紫荆山路站', '二里岗南街城东路站', '城东路豫筑路站', '城东路货栈街站', '陇海路货栈北街站', '陇海路东明路站', '陇海路未来路站', '未来路凤凰路站', '中博家具中心', '郑汴路商品大世界', '郑汴路商贸路站', '东建材']

请输入查询站点名 十里铺
经过此站点的线路有:3x; 38s; 80s; 80x; 38x; 3s;

请输入你的选择:3
请输入起始站点名 市第五人民医院
请输入终点名 绿城广场
公交不可直达
经过 key1 线路 K811x 7 站到火车站换成 key2 线路 12s 4 站到达绿城广场
经过 key1 线路 K811x 7 站到火车站换成 key2 线路 68x 5 站到达绿城广场
```

经过 key1 线路 K811x 4 站到大石桥换成 key2 线路 103x 5 站到达绿城广场
经过 key1 线路 K811x 7 站到火车站换成 key2 线路 B12x 5 站到达绿城广场

请输入你的选择:4
请输入添加线路名 100s
请输入添加线路经过的站点及运行时间,%分隔
郑上路站%元通纺织城(绕城路)%绕城路铁炉%化工路绕城路站%化工路腊梅路站%化工路怡红路站%化工路雪松路站%化工路西百炉屯站%化工路东百炉屯站%中原制药厂%化工中路%化工路瑞达路站%化工路西流湖%化工路西环路站%化工路白庄%冉屯路秦岭路站%冉屯路五龙口%冉屯路冉屯东路站%冉屯路桐柏路站%农业路朱屯东路站%农业路沙口路站%农业路南阳路站%南阳路群英路站%南阳路群办路站%南阳路东风路站%丰乐路东风路站%丰乐路宋寨南街站%南阳路张寨%6:30-20:00 票价 1 元 ABCD 卡有效

请读者完善此程序,增加以下功能:

删除线路信息--------5
修改线路信息--------6

5.5 文件使用拓展实例——游戏地图存储

在游戏开发中往往需要存储不同关卡的游戏地图信息,例如推箱子、连连看等游戏。这里以推箱子游戏地图存储为例来说明游戏地图信息如何存储到文件中并读取出来。

图 5-2 所示的推箱子游戏,可以看成 7×7 的表格,这样如果按行/列存储到文件中,就可以把这一关游戏地图存入到文件中了。

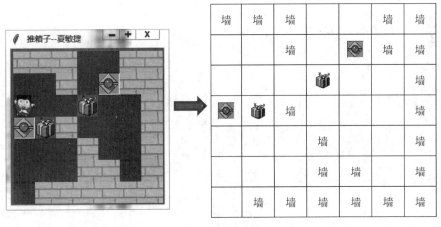

图 5-2 推箱子游戏

为了表示方便,每个格子状态值分别用常量 Wall(0)代表墙,Worker(1)代表人,Box(2)代表箱子,Passageway(3)代表路,Destination(4)代表目的地,WorkerInDest(5)代表人在目的地,RedBox(6)代表放到目的地的箱子。文件中存储的原始地图中格子的状态值采用相应的整数形式存放。图 5-2 所示的推箱子游戏界面的对应数据如下:

0	0	0	3	3	0	0
3	3	0	3	4	0	0
1	3	3	2	3	3	0
4	2	0	3	3	3	0
3	3	3	0	3	3	0
3	3	3	0	0	3	0
3	0	0	0	0	0	0

1. 将地图信息写入文件

只需要使用 write()方法按行/列(这里按行)存入到文件 map1.txt 中即可。

```
import os
myArray1 = []
#将地图信息写入文件
helloFile = open("map1.txt","w")
helloFile.write("0,0,0,3,3,0,0\n")
helloFile.write("3,3,0,3,4,0,0\n")
helloFile.write("1,3,3,2,3,3,0\n")
helloFile.write("4,2,0,3,3,3,0\n")
helloFile.write("3,3,3,0,3,3,0\n")
helloFile.write("3,3,3,0,0,3,0\n")
helloFile.write("3,0,0,0,0,0,0\n")
helloFile.close()
```

2. 从地图文件读取信息

只需要按行从文件 map1.txt 中读取即可得到地图信息。本例中将信息读取到二维列表中存储。

```
#读文件
helloFile = open("map1.txt","r")
myArray1 = []
while True:
    line = helloFile.readline()
    if line == "":                    #或者 if not line
        break
    line = line.replace("\n","")      #将读取的1行中最后的换行符去掉
    myArray1.append(line.split(","))
helloFile.close()
print(myArray1)
```

结果是:

[['0', '0', '0', '3', '3', '0', '0'], ['3', '3', '0', '3', '4', '0', '0'], ['1', '3', '3', '2', '3', '3', '0'], ['4', '2', '0', '3', '3', '3', '0'], ['3', '3', '3', '0', '3', '3', '0'], ['3', '3', '3', '0', '0', '3', '0'], ['3', '0', '0', '0', '0', '0', '0']]

在图形化推箱子游戏中,根据数字代号用对应图形显示到界面上,即可完成地图读取任务。

视频讲解

类的应用——学生成绩管理系统

6.1 学生成绩管理系统功能介绍

学生成绩管理系统可以实现学生基本信息的管理,主要有以下功能:

(1) 输入并存储学生的信息:输入学生的学号、姓名和分数,把数据保存在建立的 student.txt 文件里面。

(2) 打印学生信息:通过打印函数把学生所有信息打印在屏幕上。

(3) 修改学生信息:首先通过查询功能查询出该学生是否存在,如果存在就对该学生的信息进行修改,如果不存在则返回主界面。

(4) 删除学生信息:该功能是对相应的学生进行删除操作,如果学生存在就查找并进行删除。

(5) 按学生成绩进行排序:按照学生总分从高到低进行排序。

(6) 查找学生信息:输入学生学号,查找该学生的相关信息,如果查找到就输出该学生的信息,如果没有该学号就提示输入的学号不存在。

6.2 程序设计的思路

将学生信息设计成一个 Student 类,这里假设学生有语文、数学和英语三门课成绩。

```
class Student:              #定义一个学生类
    def __init__(self):
        self.name = ''
        self.ID = ''
        self.score1 = 0     #语文成绩
        self.score2 = 0     #数学成绩
        self.score3 = 0     #英语成绩
        self.sum = 0        #总分
```

系统在开始使用之前先进行初始化功能，判断 students.txt 文件中是否保存有学生的信息，如果有就把文件的内容读取出来，供接下来的操作使用；如果没有就初始化一个空的列表，用来保存用户的输入，程序中接下来的所有数据都会保存在该列表中。

对学生基本信息操作(包括查找、修改、删除、排序)时，首先打开 students.txt 文件，对文件中的内容进行读取操作，由于在文件中保存的内容是由空格进行分隔的，并且每一个学生的信息都占用一行，所以读出所有的内容，先进行按照换行进行分隔，得到每个人的信息，然后再对每个人的信息以空格进行分隔，得到每个人的详细信息，包括学生的姓名、学号、成绩，形成学生类对象并存入 stulist 列表中。对学生基本信息的所有操作都是针对 stulist 列表进行的，如果是添加学生，则追加写入文件中。如果是删除和修改学生，则操作完成后将 stulist 列表覆盖写入文件中。

6.3　关键技术

视频讲解

Python 完全遵循了面向对象程序设计的思想，是真正面向对象的高级动态编程语言，完全支持面向对象的基本功能，如封装、继承、多态以及对基类方法的覆盖或重写。但与其他面向对象程序设计语言不同的是，Python 中对象的概念很广泛，Python 中的一切内容都可以称为对象。例如，字符串、列表、字典、元组等内置数据类型都具有和类完全相似的语法和用法。

6.3.1　定义和使用类

1. 类定义

创建类时用变量形式表示的对象属性称为数据成员或属性(成员变量)，用函数形式表示的对象行为称为成员函数(成员方法)，成员属性和成员方法统称为类的成员。

类定义的最简单形式如下：

```
class 类名:
    属性(成员变量)
    属性
    …
    …
    成员函数(成员方法)
```

【例 6-1】 定义一个 Person(人员)类。

```
class Person:
    num = 1                    # 成员变量(属性)
    def SayHello(self):        # 成员函数
        print("Hello!");
```

在 Person 类中定义一个成员函数 SayHello(self)，用于输出字符串 "Hello!"。同样，Python 使用缩进标识类的定义代码。

2. 对象定义

对象是类的实例。如果人类是一个类的话,那么某个具体的人就是一个对象。只有定义了具体的对象,并通过"对象名.成员"的方式来访问其中的数据成员或成员方法。

Python 创建对象的语法如下:

```
对象名 = 类名()
```

例如,下面的代码定义了一个类 Person 的对象 p:

```
p = Person()
p.SayHello()              #访问成员函数 SayHello()
```

运行结果如下:

```
Hello!
```

6.3.2 构造函数 __init__

类可以定义一个特殊的叫作 __init__() 的方法(构造函数,以两个下画线"__"开头和结束)。一个类定义了 __init__() 方法以后,类实例化时就会自动为新生成的类实例调用 __init__() 方法。构造函数一般用于完成对象数据成员设置初值或进行其他必要的初始化工作。如果用户未涉及构造函数,Python 将提供一个默认的构造函数。

【例 6-2】 定义一个复数类 Complex,构造函数完成对象变量初始化工作。

```
class Complex:
    def __init__(self, realpart, imagpart):
        self.r = realpart
        self.i = imagpart
x = Complex(3.0, -4.5)
print(x.r, x.i)
```

运行结果如下:

```
3.0 -4.5
```

6.3.3 析构函数

Python 中类的析构函数是 __del__(),用来释放对象占用的资源,在 Python 收回对象空间之前自动执行。如果用户未涉及析构函数,Python 将提供一个默认的析构函数进行必要的清理工作。

【例 6-3】 定义一个复数类 Complex 的析构函数。

```
class Complex:
    def __init__(self, realpart, imagpart):
        self.r = realpart
        self.i = imagpart
```

```
        def __del__(self):
            print("Complex不存在了")
x = Complex(3.0, -4.5)
print(x.r, x.i)
print(x)
del x              #删除x对象变量
```

运行结果如下：

```
3.0 -4.5
<__main__.Complex object at 0x01F87C90>
Complex不存在了
```

说明：在删除x对象变量之前，x是存在的，在内存中的标识为0x01F87C90，执行"del x"语句后，x对象变量不存在了，系统自动调用析构函数，所以出现"Complex不存在了"。

6.3.4 实例属性和类属性

属性(成员变量)有两种，一种是实例属性，另一种是类属性(类变量)。实例属性是在构造函数__init__(以两个下画线"__"开头和结束)中定义的，定义时以self作为前缀；类属性是在类中方法之外定义的属性。在主程序中(在类的外部)，实例属性属于实例(对象)只能通过对象名访问；类属性属于类既可通过类名访问，也可以通过对象名访问，为类的所有实例共享。

【例6-4】 定义含有实例属性(姓名name，年龄age)和类属性(人数num)的Person类。

```
class Person:
    num = 1                             #类属性
    def __init__(self, str, n):         #构造函数
        self.name = str                 #实例属性
        self.age = n
    def SayHello(self):                 #成员函数
        print("Hello!")
    def PrintName(self):                #成员函数
        print("姓名:", self.name, "年龄:", self.age)
    def PrintNum(self):                 #成员函数
        print(Person.num)               #由于是类属性,所以不写self.num
#主程序
P1 = Person("夏敏捷",42)
P2 = Person("王琳",36)
P1.PrintName()
P2.PrintName()
Person.num = 2                          #修改类属性
P1.PrintNum()
P2.PrintNum()
```

运行结果如下：

```
姓名:夏敏捷 年龄:42
```

```
姓名:王琳 年龄:36
2
2
```

num 变量是一个类变量,它的值将在这个类的所有实例之间共享。可以在类内部或类外部使用 Person.num 访问。

在类的成员函数(方法)中可以调用类的其他成员函数(方法),可以访问类属性、对象实例属性。

在 Python 中比较特殊的是,可以动态地为类和对象增加成员,这一点是和很多面向对象程序设计语言不同的,也是 Python 动态类型特点的一种重要体现。

6.3.5 私有成员与公有成员

Python 并没有对私有成员提供严格的访问保护机制。在定义类的属性时,如果属性名以两个下画线"__"开头则表示是私有属性,否则是公有属性。私有属性在类的外部不能直接访问,需要通过调用对象的公有成员方法来访问,或者通过 Python 支持的特殊方式来访问。Python 提供了访问私有属性的特殊方式,可用于程序的测试和调试,对于成员方法也具有同样的性质。这种方式如下:

```
对象名._类名+私有成员
```

例如,访问 Car 类私有成员 __weight:

```
car1._Car__weight
```

私有属性是为了数据封装和保密而设的属性,一般只能在类的成员方法(类的内部)中使用访问,虽然 Python 支持一种特殊的方式来从外部直接访问类的私有成员,但是并不推荐这样做。公有属性是可以公开使用的,既可以在类的内部进行访问,也可以在外部程序中使用。

【例 6-5】 为 Car 类定义私有成员。

```
class Car:
    price = 100000              #定义类属性
    def __init__(self, c, w):
        self.color = c           #定义公有属性 color
        self.__weight = w        #定义私有属性__weight
#主程序
car1 = Car("Red",10.5)
car2 = Car("Blue",11.8)
print(car1.color)
print(car1._Car__weight)
print(car1.__weight)            #AttributeError
```

运行结果如下:

```
Red
```

```
10.5
AttributeError: 'Car' object has no attribute '__weight'
```

6.3.6 方法

在类中定义的方法可以粗略分为三大类：公有方法、私有方法、静态方法。其中，公有方法、私有方法都属于对象，私有方法的名字以两个下画线"__"开始，每个对象都有自己的公有方法和私有方法，在这两类方法中可以访问属于类和对象的成员；公有方法通过对象名直接调用，私有方法不能通过对象名直接调用，只能在属于对象的方法中通过 self 调用或在外部通过 Python 支持的特殊方式来调用。如果通过类名来调用属于对象的公有方法，需要显式为该方法的 self 参数传递一个对象名，用来明确指定访问哪个对象的数据成员。静态方法可以通过类名和对象名调用，但不能直接访问属于对象的成员，只能访问属于类的成员。

【例 6-6】 公有方法、私有方法、静态方法的定义和调用实例。

```
class Person:
    num = 0                               #类属性
    def __init__(self,str,n,w):           #构造函数
        self.name = str                   #对象实例属性(成员)
        self.age = n
        self.__weight = w                 #定义私有属性__weight
        Person.num += 1
    def __outputWeight(self):             #定义私有方法 outputWeight()
        print("体重:",self.__weight)      #访问私有属性__weight
    def PrintName(self):                  #定义公有方法(成员函数)
        print("姓名:", self.name, "年龄:", self.age, end = " ")
        self.__outputWeight()             #调用私有方法 outputWeight()
    def PrintNum(self):                   #定义公有方法(成员函数)
        print(Person.num)                 #由于是类属性,所以不写 self.num
    @staticmethod
    def getNum():                         #定义静态方法 getNum()
        return Person.num
#主程序
P1 = Person("夏敏捷",42,120)
P2 = Person("张海",39,80)
#P1.outputWeight()                        #错误'Person' object has no attribute 'outputWeight'
P1.PrintName()
P2.PrintName()
Person.PrintName(P2)
print("人数:",Person.getNum())
print("人数:",P1.getNum())
```

程序运行结果：

```
姓名:夏敏捷 年龄:42 体重:120
姓名:张海 年龄:39 体重:80
姓名:张海 年龄:39 体重:80
人数:2
人数:2
```

6.4 程序设计的步骤

6.4.1 设计 Student 类

将学生信息设计成一个 Student 类,存储学生的语文、数学和英语成绩。在类中定义计算总分的方法。

```python
class Student:                          #定义一个学生类
    def __init__(self):
        self.name = ''
        self.ID = ''
        self.score1 = 0                 #语文成绩
        self.score2 = 0                 #数学成绩
        self.score3 = 0                 #英语成绩
        self.sum = 0                    #总分
    def sumscore(self):                 #计算总分
        self.sum = self.score1 + self.score2 + self.score3
    def input(self):                    #输入学生的信息
        self.name = input("请输入学生的姓名")
        self.ID = input("请输入学生的 ID")
        self.score1 = int(input("请输入学生语文成绩"))
        self.score2 = int(input("请输入学生数学成绩"))
        self.score3 = int(input("请输入学生英语成绩"))
        self.sumscore()
    def output(self,file_object):       #输出到文件中
        print(self.name,self.ID, self.score1, self.score2, self.score3, self.sum)
        file_object.write(self.ID)
        file_object.write(" ")
        file_object.write(self.name)
        file_object.write(" ")
        file_object.write(str(self.score1))
        file_object.write(" ")
        file_object.write(str(self.score2))
        file_object.write(" ")
        file_object.write(str(self.score3))
        file_object.write(" ")
        file_object.write(str(self.sum))
        file_object.write("\n")
```

6.4.2 设计功能函数

1. 添加学生信息

添加一个 stu 学生信息时,首先判断学号是否已经存在,如果已经存在则取消添加操作;否则根据用户选择是否保存,如果保存则以追加方式写入文件。

```python
def Add(stulist,stu):                              # 添加一个学生信息
    if searchByID(stulist, stu.ID) == True:        # 判断学号是否存在
        print("学号已经存在!")
        return False
    print("是否要保存学生信息?")
    nChoose = input("Choose Y/N")
    if nChoose == 'Y' or nChoose == 'y':
        stulist.append(stu)                        # 加入列表
        print(stu.name,stu.ID, stu.score1, stu.score2, stu.score3, stu.sum)
        file_object = open("students.txt", "a")    # "a"追加方式
        stu.output(file_object)                    # 输出到文件里保存
        file_object.close()
        print("保存成功!")
```

2. 删除学生信息

删除一个学生信息时，首先遍历 stulist 列表中学生的 ID 是否是删除的学号，如果是则从列表 stulist 中删除。最后采用覆盖写入方式将 stulist 列表中剩余学生的信息重新写入文件中。

```python
def Del(stulist, ID):                              # 删除一个学生信息
    count = 0
    flag = False
    for item in stulist:
        if item.ID == ID:
            stulist.remove(item)                   # 从列表中删除
            flag = True                            # 删除成功
            break
        count += 1
    if flag == False:                              # 或者 count == len(stulist)
        print("没有该学生学号!")
        return
    file_object = open("students.txt", "w")        # 覆盖写入
    for stu in stulist:
        stu.output(file_object)
    print("删除保存成功!")
    file_object.close()
```

3. 修改学生信息

修改一个学生信息时，首先遍历 stulist 列表中学生的 ID 是否是要修改的学号，如果是则从列表 stulist 中删除。采用覆盖写入方式将 stulist 列表中剩余学生的信息重新写入文件中。最后输入这个被修改学生的新信息后，添加此学生的信息到文件里。

```python
def Change(stulist, ID):                           # 修改学生信息
    count = 0
    flag = False
    for item in stulist:
        if item.ID == ID:
```

```
            flag = True
            stulist.remove(item)
            file_object = open("students.txt", "w")
            for stu in stulist:
                stu.output(file_object)
            file_object.close()
    if flag == False:
        print("没有该学生学号!")
        return
    #输入这个被修改学生的新信息
    stu = Student()
    stu.input()
    Add(stulist,stu) #添加一个 stu 学生信息到文件中
```

4. 显示所有学生信息

将 stulist 列表中的学生信息打印在屏幕上。

```
def display(stulist):    #显示所有学生信息
    print("学号\t姓名 语文 数学 英语 总分")
    for item in stulist:
        #print(item.ID, '\t',item.name,'\t', item.score1,'\t',item.score2, '\t', item.
          score3, '\t',item.sum)
        #格式化输出
        print("%5s %5s %3d %3d %3d %4d" % (item.ID,item.name,item.score1,item.score2,
item.score3,item.sum))
```

5. 成绩排序

成绩排序实现按照学生成绩由高至低进行排序,在实现的时候采用比较排序算法,按照总分对 stulist 中保存的学生信息进行排序。

```
def Sort(stulist):                              #按学生成绩排序
    insertSort(stulist)                         #比较排序
    display(stulist)

def insertSort(stulist):                        #比较排序
    for i in range(len(stulist) - 1):
        for j in range(i + 1,len(stulist)):
            if stulist[i].sum < stulist[j].sum:   #交换
                temp = stulist[i]
                stulist[i] = stulist[j]
                stulist[j] = temp
```

6. 查询学生信息

搜索一个学生信息时,按学号 ID 搜索,如果在 stulist 列表中,则打印出来。

```
def Search(stulist, ID): #搜索一个学生信息
    print("学号\t姓名\t语文\t数学\t英语\t总分")
    count = 0
```

```
    for item in stulist:
        if item.ID == ID:
            print(item.ID, '\t',item.name,'\t', item.score1,'\t', item.score2, '\t', item.score3, '\t',item.sum)
            break
        count = count + 1
    if count == len(stulist):
        print("没有该学生学号!")
```

7. 初始化函数

从文件中读取学生信息行后，以空格进行分隔形成列表 s，将列表 s 形成学生对象实例，依次加入保存所有学生信息 stulist 列表中。stulist 列表中存放的是学生对象实例。

```
def Init(stulist):                                    #初始化函数
    print("初始化......")
    if os.path.exists('students.txt'):                #判断文件 students.txt 是否存在
        file_object = open('students.txt', 'r')
        for line in file_object:
            stu = Student()
            line = line.strip("\n")
            s = line.split(" ")                        #按空格分隔形成列表
            stu.ID = s[0]
            stu.name = s[1]
            stu.score1 = int(s[2])
            stu.score2 = int(s[3])
            stu.score3 = int(s[4])
            stu.sum = s[5]
            stulist.append(stu)
        file_object.close()
    print("初始化成功!")
main()
```

6.4.3 设计主函数

主函数是一个无限循环，实现用户功能的选择。

```
def main():    #程序的入口函数
    while True:
        print("**********************")
        print("-------- 菜单 ---------")
        print("增加学生信息 --------1")
        print("查找学生信息 --------2")
        print("删除学生信息 --------3")
        print("修改学生信息 --------4")
        print("所有学生信息 --------5")
        print("按照分数排序 --------6")
        print("退出程序 ------------0")
        print("**********************")
```

```
        nChoose = input("请输入你的选择:")
        if nChoose == "1":
            stu = Student()
            stu.input()
            Add(stulist,stu)
        if nChoose == '2':
            ID = input("请输入学生的 ID")
            Search(stulist, ID)
        if nChoose == '3':
            ID = input("请输入学生的 ID")
            Del(stulist, ID)
        if nChoose == '4':
            ID = input("请输入学生的 ID")
            Change(stulist, ID)
        if nChoose == '5':
            display(stulist)
        if nChoose == '6':
            Sort(stulist)
        if nChoose == '0':
            break
#主程序
if __name__ == '__main__':
    stulist =[]
    Init(stulist)                    #调用初始化函数
```

程序运行结果如下:

```
初始化......
**********************
--------- 菜单---------
增加学生信息-------- 1
查找学生信息-------- 2
删除学生信息-------- 3
修改学生信息-------- 4
所有学生信息-------- 5
按照分数排序-------- 6
退出程序------------ 0
**********************
请输入你的选择:1
请输入学生的姓名张海
请输入学生的 ID 98001
请输入学生语文成绩 78
请输入学生数学成绩 88
请输入学生英语成绩 79
张海 98001 78 88 79 245
是否要保存学生信息?Choose Y/N
y
保存成功!
请输入你的选择:5
```

学号	姓名	语文	数学	英语	总分
98001	张海	78	88	79	245
98002	赵大强	88	90	98	276
98003	李东方	77	66	77	220

请输入你的选择:6

学号	姓名	语文	数学	英语	总分
98002	赵大强	88	90	98	276
98001	张海	78	88	79	245
98003	李东方	77	66	77	220

掌握以上技术后,请读者思考商品库存管理系统的实现。

具体要求:

(1) 商品的信息用类来表示,包含商品编号 id、商品名称 name、商品类别 Category、商品库存量 kcl、商品销售量 xsl 信息。

(2) 能够录入商品信息,能够显示所有商品信息。

(3) 能够按商品名称、商品类别等查询,可以查询输出库存量小于 5 的商品。查询方式可以自己补充。

(4) 能够统计每类商品的销售量、各类商品的销售比例。

(5) 能够按销售量进行排序,并在屏幕上显示排序结果。

(6) 能够添加、删除、修改(增加库存,商品销售量)商品的信息。

(7) 商品的信息保存在文件里。

第 7 章

视频讲解

Tkinter图形界面——多功能文本编辑器

7.1 程序功能介绍

本程序模拟 Windows 自带的记事本程序，设计的界面如图 7-1 所示。这个文本编辑器包含主菜单，其中"文件"菜单有新建、打开、保存、另存为功能项，"操作"菜单有撤销、重做、剪切、粘贴、复制、查找、全选功能项，about 菜单有作者、关于功能项。

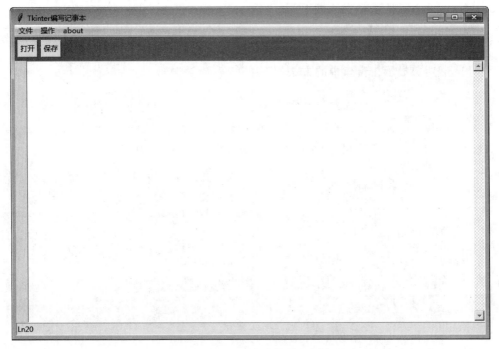

图 7-1 多功能文本编辑器运行界面

7.2 多功能文本编辑器设计思想

"文件"菜单中的新建、打开、保存、另存为功能项涉及文件的读写基本操作,利用 Python 提供的文件 read()、write()函数即可实现打开和保存功能。"操作"菜单中的撤销、重做、剪切、粘贴、复制、全选等功能,直接利用 Tkinter 的文本控件本身提供的功能即可实现,而文本查找功能需要编程实现。

7.3 关键技术

7.3.1 菜单

1. 菜单组件 Menu

图形用户界面应用程序通常提供菜单,菜单包含各种按照主题分组的基本命令。图形用户界面应用程序包括两种类型的菜单。

主菜单:提供窗体的菜单系统。通过单击可下拉出子菜单,选择子菜单中的命令可执行相关操作。主菜单通常有文件、编辑、视图、帮助等。

上下文菜单(也称为快捷菜单):通过鼠标右击某对象而弹出的菜单,一般为与该对象相关的常用菜单命令,例如剪切、复制、粘贴等。

创建 Menu 对象的基本方法如下:

```
Menu 对象 = Menu(Windows 窗口对象)
```

将 Menu 对象显示在窗口中的方法如下:

```
Windows 窗口对象['menu'] = Menu 对象
Windows 窗口对象.mainloop()
```

【例 7-1】 使用 Menu 组件的简单例子。运行效果如图 7-2 所示。

```
from tkinter import *
root = Tk()
def hello():                                    #菜单项事件函数,可以每个菜单项单独写
    print("你单击主菜单")
m = Menu(root)
for item in ['文件','编辑','视图']:              #添加菜单项
    m.add_command(label = item, command = hello)
root['menu'] = m                                #附加主菜单到窗口
root.mainloop()
```

2. 添加下拉菜单

前面介绍的 Menu 组件只创建了主菜单,默认情况并不包含下拉菜单。可以将一个 Menu 组件作为另一个 Menu 组件的下拉菜单,方法如下:

第7章 Tkinter图形界面——多功能文本编辑器

图 7-2　使用 Menu 组件主菜单运行结果

```
Menu 对象 1.add_cascade(label = 菜单文本,menu = Menu 对象 2)
```

上面的语句将 Menu 对象 2 设置为 Menu 对象 1 的下拉菜单。在创建 Menu 对象 2 时也要指定它是 Menu 对象 1 的子菜单,方法如下：

```
Menu 对象 2 = Menu(Menu 对象 1)
```

【例 7-2】　使用 add_cascade()方法给"文件""编辑"添加下拉菜单。运行效果如图 7-3 所示。

```
from tkinter import *
def hello():
    print("I'm a child menu")
root = Tk()
m1 = Menu(root)                                    #创建主菜单
filemenu = Menu(m1)                                #创建下拉菜单
editmenu = Menu(m1)                                #创建下拉菜单
for item in ['打开','关闭','退出']:                 #添加菜单项
    filemenu.add_command(label = item, command = hello)
for item in ['复制','剪切','粘贴']:                 #添加菜单项
    editmenu.add_command(label = item, command = hello)
m1.add_cascade(label = '文件', menu = filemenu)    #把 filemenu 作为文件下拉菜单
m1.add_cascade(label = '编辑', menu = editmenu)    #把 editmenu 作为编辑下拉菜单
root['menu'] = m1 #附加主菜单到窗口
root.mainloop()
```

图 7-3　添加下拉菜单运行效果

3. 在菜单中添加复选框

使用 add_checkbutton() 可以在菜单中添加复选框,方法如下:

菜单对象.add_checkbutton(label = 复选框的显示文本,command = 菜单命令函数,variable = 与复选框绑定的变量)

【例 7-3】 在菜单中添加复选框"自动保存"。

```python
from tkinter import *
def hello():
    print(v.get())
root = Tk()
v = StringVar()
m = Menu(root)
filemenu = Menu(m)
for item in ['打开','关闭','退出']:
    filemenu.add_command(label = item, command = hello)
m.add_cascade(label = '文件', menu = filemenu)
filemenu.add_checkbutton(label = '自动保存',command = hello,variable = v)
root['menu'] = m
root.mainloop()
```

以上代码运行效果如图 7-4 所示。

4. 在菜单中的当前位置添加分隔符

使用 add_separator() 可以在菜单中添加分隔符,方法如下:

菜单对象.add_separator()

【例 7-4】 在菜单项间添加分隔符。运行效果如图 7-5 所示。

```python
from tkinter import *
def hello():
    print("I'm a child menu")
root = Tk()
m = Menu(root)
filemenu = Menu(m)
filemenu.add_command(label = '打开', command = hello)
filemenu.add_command(label = '关闭', command = hello)
filemenu.add_separator()                     #在'关闭'和'退出'之间添加分隔符
filemenu.add_command(label = '退出', command = hello)
m.add_cascade(label = '文件', menu = filemenu)
root['menu'] = m
root.mainloop()
```

5. 创建上下文菜单

创建上下文菜单一般按下列步骤。

第7章　Tkinter图形界面——多功能文本编辑器

图 7-4　添加复选框运行效果

图 7-5　添加分隔符运行效果

（1）创建菜单（与创建主菜单相同）。例如：

```
menubar = Menu( root)
menubar. add_command(label = '剪切', command = hello1)
menubar. add_command(label = '复制', command = hello2)
menubar. add_command(label = '粘贴', command = hello3)
```

（2）绑定鼠标右击事件，并在事件处理函数中弹出菜单。例如：

```
def popup(event)                                      #事件处理函数
    menubar. post( event.x_root, event.y_root)        #在鼠标右键位置显示菜单
root. bind('< Button - 3 >',popup)                    #绑定事件
```

【例 7-5】　上下文菜单示例。运行效果如图 7-6 所示。

```
from tkinter import *
def popup(event):                                     #右键事件处理函数
    menubar. post( event.x_root, event.y_root)        #在鼠标右键位置显示菜单
def hello1():                                         #菜单事件处理函数
    print("我是剪切命令")
def hello2():
    print("我是复制命令")
def hello3():
    print("我是粘贴命令")

root = Tk()
root.geometry("300x150")
menubar = Menu(root)
menubar.add_command(label = '剪切', command = hello1)
menubar.add_command(label = '复制', command = hello2)
menubar.add_command(label = '粘贴', command = hello3)
#创建 Entry 组件界面
s = StringVar()                                       #一个 StringVar()对象
s.set("大家好,这是测试上下文菜单")
entryCd = Entry(root, textvariable = s)               #Entry 组件
entryCd.pack()
```

```
root.bind('<Button-3>',popup)          #绑定右键事件
root.mainloop()
```

图 7-6　上下文菜单运行效果

7.3.2　对话框

对话框用于与用户交互和检索信息。Tkinter 模块中的子模块 messagebox、filedialog、colorchooser、simpledialog，包括一些通用的预定义对话框；用户也可以通过继承 TopLevel 创建自定义对话框。

1. 文件对话框

模块 Tkinter 的子模块 filedialog 包含用于打开文件对话框的函数 askopenfilename()。文件对话框供用户选择某文件夹下文件。格式如下：

```
askopenfilename(title = '标题', filetypes = [('所有文件','.*'),('文本文件','.txt')])
```

filetypes：文件过滤器，可以筛选某种格式文件。
title：设置打开文件对话框的标题。
同时还有文件保存对话框函数 asksaveasfilename()。文件保存对话框格式为：

```
asksaveasfilename(title = '标题', initialdir = 'd:\mywork', initialfile = 'hello.py')
```

initialdir：默认保存路径即文件夹，如'd:\mywork'；initialfile：默认保存的文件名，如'hello.py'。

【例 7-6】　演示打开和保存文件对话框的程序。运行效果如图 7-7 所示。

```
from tkinter import *
from tkinter.filedialog import *
def openfile():                                      #按钮事件处理函数
    #显示打开文件对话框,返回选中文件名以及路径
    r = askopenfilename(title = '打开文件', filetypes = [('Python', '*.py *.pyw'), ('All Files', '*')])
    print(r)
def savefile():                                      #按钮事件处理函数
    #显示保存文件对话框
    r = asksaveasfilename(title = '保存文件', initialdir = 'd:\mywork', initialfile = 'hello.py')
```

```
    print(r)

root = Tk()
root.title('打开文件对话框示例')                    #title 属性用来指定标题
root.geometry("300x150")
btn1 = Button(root, text = 'File Open', command = openfile)    #创建 Button 组件
btn2 = Button(root, text = 'File Save', command = savefile)    #创建 Button 组件
btn1.pack(side = 'left')
btn2.pack(side = 'left')
root.mainloop()
```

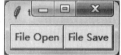

图 7-7　打开文件对话框运行效果

2. "颜色"对话框

模块 Tkinter 的子模块 colorchooser 包含用于打开"颜色"对话框的函数 askcolor()。"颜色"对话框供用户选择某颜色。

【例 7-7】　演示使用"颜色"对话框的程序。运行效果如图 7-7 所示。

```
'''使用'颜色'对话框'''
from tkinter import *
from tkinter.colorchooser import *       #引入 colorchooser 模块
root = Tk()
#调用 askcolor()返回选中颜色的(R,G,B)颜色值及#RRGGBB 表示
print (askcolor())
root.mainloop()
```

在图 7-8 选择某种颜色后,打印出如下结果:

```
((160, 160, 160), '#a0a0a0')
```

3. 简单对话框

模块 Tkinter 的子模块 simpledialog 中,包含用于打开输入对话框的函数。
askfloat(title，prompt,选项):打开输入对话框,输入并返回浮点数。
askinteger(title，prompt,选项):打开输入对话框,输入并返回整数。

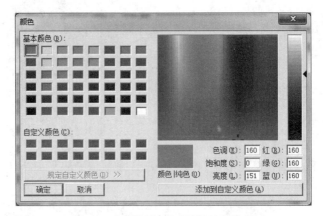

图 7-8 打开"颜色"对话框运行效果

askstring(title，prompt，选项)：打开输入对话框，输入并返回字符串。

其中，title 为窗口标题，prompt 为提示文本信息；选项是指各种选项，包括 initialvalue（初始值）、minvalue（最小值）和 maxvalue（最大值）。

【例 7-8】 演示简单对话框的程序。运行效果如图 7-9 所示。

```
import tkinter
from tkinter import simpledialog
def inputStr():
    r = simpledialog.askstring('Python Tkinter', 'Input String', initialvalue = 'Python Tkinter')
    print(r)
def inputInt():
    r = simpledialog.askinteger('Python Tkinter', 'Input Integer')
    print(r)
def inputFloat():
    r = simpledialog.askfloat('Python Tkinter', 'Input Float')
    print(r)

root = tkinter.Tk()
btn1 = tkinter.Button(root, text = 'Input String', command = inputStr)
btn2 = tkinter.Button(root, text = 'Input Integer', command = inputInt)
btn3 = tkinter.Button(root, text = 'Input Float', command = inputFloat)

btn1.pack(side = 'left')
btn2.pack(side = 'left')
btn3.pack(side = 'left')
root.mainloop()
```

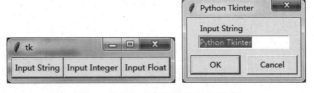

图 7-9 打开简单对话框运行效果

7.3.3 消息窗口(消息框)

消息窗口(messagebox)用于弹出提示框向用户进行告警,或让用户选择下一步如何操作。消息框包括很多类型,常用的有info、warning、error、yesno、okcancel等,包含不同的图标、按钮以及弹出提示音。

【例7-9】 演示各消息框的程序。消息窗口运行效果如图7-10所示。

```python
import tkinter as tk
from tkinter import messagebox as msgbox
def btn1_clicked():
    msgbox.showinfo("Info", "Showinfo test.")
def btn2_clicked():
    msgbox.showwarning("Warning", "Showwarning test.")
def btn3_clicked():
    msgbox.showerror("Error", "Showerror test.")
def btn4_clicked():
    msgbox.askquestion("Question", "Askquestion test.")
def btn5_clicked():
    msgbox.askokcancel("OkCancel", "Askokcancel test.")
def btn6_clicked():
    msgbox.askyesno("YesNo", "Askyesno test.")
def btn7_clicked():
    msgbox.askretrycancel("Retry", "Askretrycancel test.")
root = tk.Tk()
root.title("MsgBox Test")
btn1 = tk.Button(root, text = "showinfo", command = btn1_clicked)
btn1.pack(fill = tk.X)
btn2 = tk.Button(root, text = "showwarning", command = btn2_clicked)
btn2.pack(fill = tk.X)
btn3 = tk.Button(root, text = "showerror", command = btn3_clicked)
btn3.pack(fill = tk.X)
btn4 = tk.Button(root, text = "askquestion", command = btn4_clicked)
btn4.pack(fill = tk.X)
btn5 = tk.Button(root, text = "askokcancel", command = btn5_clicked)
btn5.pack(fill = tk.X)
btn6 = tk.Button(root, text = "askyesno", command = btn6_clicked)
btn6.pack(fill = tk.X)
btn7 = tk.Button(root, text = "askretrycancel", command = btn7_clicked)
btn7.pack(fill = tk.X)
root.mainloop()
```

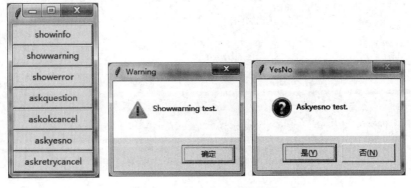

图 7-10 消息窗口运行效果

7.4 程序设计的步骤

7.4.1 设计菜单项功能

```python
from tkinter import *
import os
from tkinter import filedialog
from tkinter import messagebox
filename = ''
def author():
    messagebox.showinfo(title = "作者",message = "xmj")
def about():
    messagebox.showinfo(title = "关于",message = "用Tkinter编写记事本功能")
def myopenfile():
    global filename
    filename = filedialog.askopenfilename(title = '打开文件', filetypes = [('文本文件', '.txt')])
    if filename == '':
        filename = None
    else:
        root.title('FileName:' + os.path.basename(filename))
        textPad.delete(1.0,END)
        f = open(filename,'r')
        textPad.insert(1.0,f.read())
        f.close()
def mynew():                    #新建文件功能
    global filename
    root.title('未命名文件')
    filename = None
    textPad.delete(1.0,END)
def mysave():                   #保存文件功能
    global filename
    try:
        f = open(filename,'w')
        msg = textPad.get(1.0,END)
        f.write(msg)
        f.close()
    except:
        saveas()
def mysaveas():                 #文件另存为功能
    f = filedialog.asksaveasfilename(initialfile = '未命名.txt', defaultextension = '.txt')
    global filename
    filename = f
    if filename == "":
        return
    fh = open(f,'w')
```

```python
        msg = textPad.get(1.0,END)
        fh.write(msg)
        fh.close()
        root.title('FileName:'+ os.path.basename(f))
# 以下是文本的剪切、复制、粘贴、重做、撤销、全选、查找功能
def cut():    # 剪切
    textPad.event_generate('<<Cut>>')            # 调用文本控件的剪切功能
def copy():                                      # 复制
    textPad.event_generate('<<Copy>>')
def paste():                                     # 粘贴
    textPad.event_generate('<<Paste>>')
def redo():                                      # 重做
    textPad.event_generate('<<Redo>>')
def undo():                                      # 撤销
    textPad.event_generate('<<Undo>>')
def selectAll():                                 # 全选
    textPad.focus_set()                          # 获取焦点
    # 选择区域(1.0 表示从第 1 行第 1 列开始,END 表示末尾,结束)
    textPad.tag_add('sel','1.0',END)
def search():                                    # 查找
    def dosearch():
        myentry = entry1.get()                   # 获取查找的内容,string 型
        wholetext = str(textPad.get(1.0,END))
        num = wholetext.count(myentry)           # 计算 myentry 在 wholetext 中出现的次数
        messagebox.showinfo("查找结果:","查找的 %s 出现的次数 %d " % (myentry,num))
    # Toplevel 组件是一个独立的顶级窗口(类似于弹出窗口),这种窗口通常有标题栏、边框等部件
    topsearch = Toplevel(root)
    # geometry 的参数格式为:
    # "%dx%d+d%+d" % width,height,xoffset,yoffset
    topsearch.geometry('300x30+200+250')
    label1 = Label(topsearch,text = 'Find')
    label1.grid(row = 0, column = 0,padx = 5)
    entry1 = Entry(topsearch,width = 20)
    entry1.grid(row = 0, column = 1,padx = 5)
    button1 = Button(topsearch,text = '查找',command = dosearch)
    button1.grid(row = 0, column = 2)
```

7.4.2 设计程序界面

```python
root = Tk()
root.title('Tkinter 编写记事本')
root.geometry("800x500+100+100")
# 创建一个顶级主菜单
menubar = Menu(root)
# 创建一个下拉菜单"文件",然后将它添加到顶级菜单中
filemenu = Menu(menubar)
```

```python
filemenu.add_command(label = '新建', accelerator = 'Ctrl + N', command = mynew)
filemenu.add_command(label = '打开', accelerator = 'Ctrl + O',command = myopenfile)
filemenu.add_command(label = '保存', accelerator = 'Ctrl + S', command = mysave)
filemenu.add_command(label = '另存为', accelerator = 'Ctrl + Shift + S',command = mysaveas)
menubar.add_cascade(label = '文件',menu = filemenu)

#创建一个下拉菜单"操作",然后将它添加到顶级菜单中
editmenu = Menu(menubar)
editmenu.add_command(label = '撤销', accelerator = 'Ctrl + Z', command = undo)
editmenu.add_command(label = '重做', accelerator = 'Ctrl + y', command = redo)
editmenu.add_separator()
editmenu.add_command(label = "剪切",accelerator = "Ctrl + X",command = cut)
editmenu.add_command(label = "复制",accelerator = "Ctrl + C", command = copy)
editmenu.add_command(label = "粘贴",accelerator = "Ctrl + V", command = paste)
editmenu.add_separator()
editmenu.add_command(label = "查找",accelerator = "Ctrl + F", command = search)
editmenu.add_command(label = "全选",accelerator = "Ctrl + A", command = selectAll)
menubar.add_cascade(label = "操作",menu = editmenu)

#创建一个下拉菜单about,然后将它添加到顶级菜单中
aboutmenu = Menu(menubar)
aboutmenu.add_command(label = "作者", command = author)
aboutmenu.add_command(label = "关于", command = about)
menubar.add_cascade(label = "about",menu = aboutmenu)

#工具栏
toolbar = Frame(root, height = 25,bg = 'grey')
shortButton = Button(toolbar, text = '打开',command = myopenfile)
shortButton.pack(side = LEFT, padx = 5, pady = 5)
shortButton = Button(toolbar, text = '保存', command = mysave)
shortButton.pack(side = LEFT)
toolbar.pack(expand = NO,fill = X)

#状态栏
status = Label(root, text = 'Ln20',bd = 1, relief = SUNKEN,anchor = W)
status.pack(side = BOTTOM, fill = X)          #显示
#行号和文本编辑
lnlabel = Label(root, width = 2, bg = 'antique white')
lnlabel.pack(side = LEFT, fill = Y)
textPad = Text(root, undo = True)             #文本控件,实现文本编辑功能
textPad.pack(expand = YES, fill = BOTH)
#右边滚动下拉条
scroll = Scrollbar(textPad)
textPad.config(yscrollcommand = scroll.set)
scroll.config(command = textPad.yview)
scroll.pack(side = RIGHT,fill = Y)
```

```python
# 显示菜单
root.config(menu = menubar)
# 快捷键绑定
root.bind_all("<Control-f>", lambda event: search())
root.bind_all("<Control-s>", lambda event: mysave())
root.bind_all("<Control-n>", lambda event: mynew())
root.bind_all("<Control-a>", lambda event: selectAll())
root.bind_all("<Control-o>", lambda event: myopenfile())
root.mainloop()
```

第 8 章

Tkinter图形绘制——图形版发牌程序

第 7 章以 Tkinter 模块为例学习建立一些简单的 GUI(图形用户界面),使编写的程序拥有大家所熟悉的窗体、按钮等图形界面。后续章节的界面设计也都使用 Tkinter 开发。通常在游戏开发中不仅仅有按钮、文本框等,还需要绘制大量其他图形图像,本章学习使用 Tkinter 模块的 Canvas 技术实现游戏中画面的绘制任务。

8.1 扑克牌发牌窗体程序功能介绍

4 名牌手打牌,计算机随机将 52 张牌(不含大小王)发给 4 名牌手,在屏幕上显示每位牌手的牌。程序的运行效果如图 8-1 所示。本章学习使用 Tkinter 模块的 Canvas 技术实现一些简单的 GUI(图形用户界面)游戏界面。

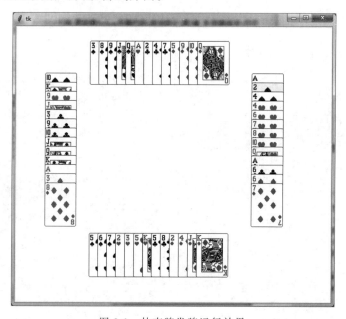

图 8-1 扑克牌发牌运行效果

下面将介绍开发扑克牌发牌窗体程序的思路和 Canvas 关键技术。

8.2 程序设计的思路

将要发的 52 张牌，按梅花 0,1,2,…,12，方块 13,14,…,25，红桃 26,27,…38，黑桃 39,40,…51 的顺序编号并存储在 pocker 列表中（未洗牌之前），列表元素存储的是某张牌（实际上是牌的编号）。同时按此编号顺序存储在扑克牌图片 imgs 列表中，即 imgs[0] 存储梅花 A 的图片，imgs[1] 存储梅花 2 的图片，则 imgs[14] 存储方块 2 的图片。

发牌后，根据每位牌手(p1,p2,p3,p4)各自牌的编号列表，从 imgs 获取对应牌的图片并使用 create_image((x 坐标,y 坐标), image ＝图像文件)显示在指定位置。

8.3 Canvas 图形绘制技术

Canvas 为 Tkinter 提供了绘图功能，其提供的绘制图形函数包括线形、圆形、椭圆、多边形、图片等几何图案绘制。使用 Canvas 进行绘图时，所有的操作都是通过 Canvas。

8.3.1 Canvas 画布组件

Canvas（画布）是一个长方形的区域，用于图形绘制或复杂的图形界面布局。可以在画布上绘制图形、文字，放置各种组件和框架。

1. 创建和显示 Canvas 对象

可以使用下面的方法创建一个 Canvas 对象。

```
Canvas 对象 = Canvas(窗口对象，选项，...)
```

Canvas 常用选项如表 8-1 所示。

表 8-1　Canvas 常用选项

属　　性	说　　明
bd	指定画布的边框宽度，单位是像素
bg	指定画布的背景颜色
confine	指定画布在滚动区域外是否可以滚动。默认为 True，表示不能滚动
cursor	指定画布中的鼠标指针，例如 arrow、circle、dot
height	指定画布的高度
highlightcolor	选中画布时的背景色
relief	指定画布的边框样式，可选值包括 SUNKEN、RAISED、GROOVE、RIDGE
scrollregion	指定画布的滚动区域的元组(w,n,e,s)

2. 显示 Canvas 对象的方法

显示 Canvas 对象的方法如下。

```
Canvas 对象.pack()
```

【例 8-1】 创建一个白色背景、宽度 300、高为 120 的 Canvas。

```
from tkinter import *
root = Tk()
cv = Canvas(root, bg = 'white', width = 300, height = 120)
cv.create_line(10,10,100,80,width = 2, dash = 7)     #绘制直线
cv.pack()                                             #显示画布
root.mainloop()
```

8.3.2 Canvas 上的图形对象

1. 绘制图形对象

Canvas 上可以绘制各种图形对象。通过调用如下方法实现。

create_arc()：绘制圆弧。

create_line()：绘制直线。

create_rectangle()：绘制矩形。

create_polygon()：绘制多边形。

create_oval()：绘制椭圆。

create_window()：绘制子窗口。

create_text()：创建一个文字对象。

create_bitmap()：绘制位图。

create_image()：绘制图像。

Canvas 上每个绘制对象都有一个标识 id（整数），使用绘制函数创建绘制对象时，返回绘制对象 id。例如：

```
id1 = cv.create_line(10,10,100,80,width = 2, dash = 7)   #绘制直线
```

id1 可以得到绘制对象直线 id。

在创建图形对象时可以使用属性 tags 设置图形对象的标记（tag）。例如：

```
rt = cv.create_rectangle(10,10,110,110, tags = 'r1')
```

上面的语句指定矩形对象 rt 具有一个标记 r1。

也可以同时设置多个标记。例如：

```
rt = cv.create_rectangle(10,10,110,110, tags = ('r1','r2','r3'))
```

上面的语句指定矩形对象 rt 具有 3 个标记：r1、r2、r3。

指定标记后，使用 find_withtag() 方法可以获取到指定 tag 的图形对象，然后设置图形对象的属性。find_withtag() 方法的语法如下：

```
Canvas 对象.find_withtag(tag 名)
```

find_withtag()方法返回一个图形对象数组,其中包含所有具有 tag 名的图形对象。使用 itemconfig()方法可以设置图形对象的属性,语法如下:

Canvas 对象.itemconfig(图形对象,属性1 = 值1,属性2 = 值2,…)

【例 8-2】 使用属性 tags 设置图形对象标记。

```
from tkinter import *
root = Tk()
#创建一个 Canvas,设置其背景色为白色
cv = Canvas(root, bg = 'white', width = 200, height = 200)
#使用 tags 指定给第一个矩形指定 3 个 tag
rt = cv.create_rectangle(10,10,110,110, tags = ('r1','r2','r3'))
cv.pack()
cv.create_rectangle(20,20,80,80, tags = 'r3')        #使用 tags 给第 2 个矩形指定 1 个 tag
#将所有与 tag('r3')绑定的 item 边框颜色设置为蓝色
for item in cv.find_withtag('r3'):
    cv.itemconfig(item,outline = 'blue')
root.mainloop()
```

下面学习使用绘制函数绘制各种图形对象。

2. 绘制圆弧

使用 create_arc()方法可以创建一个圆弧对象,可以是一个弦、饼图、扇形区域或者一个简单的弧。具体语法如下:

Canvas 对象.create_arc(弧外框矩形左上角的 x 坐标,弧外框矩形左上角的 y 坐标,弧外框矩形右下角的 x 坐标,弧外框矩形右下角的 y 坐标,选项,…)

创建圆弧常用选项:outline 指定圆弧边框颜色,fill 指定填充颜色,width 指定圆弧边框的宽度,start 代表起始角度,extent 代表指定角度偏移量而不是终止角度。

【例 8-3】 使用 create_arc()方法创建圆弧。运行效果如图 8-2 所示。

```
from tkinter import *
root = Tk()
#创建一个 Canvas,设置其背景色为白色
cv = Canvas(root,bg = 'white')
cv.create_arc((10,10,110,110),)                #使用默认参数创建一个圆弧,结果为 90°的扇形
d = {1:PIESLICE,2:CHORD,3:ARC}
for i in d:
    #使用三种样式,分别创建扇形、弓形和弧形
    cv.create_arc((10,10 + 60 * i,110,110 + 60 * i),style = d[i])
    print (i,d[i])
#使用 start/extent 指定圆弧起始角度与偏移角度
cv.create_arc(
        (150,150 ,250,250),
        start = 10,                            #指定起始角度
        extent = 120                           #指定角度偏移量(逆时针)
        )
cv.pack()
root.mainloop()
```

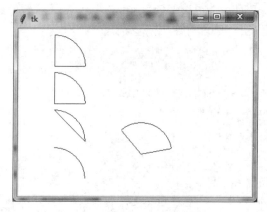

图 8-2 创建圆弧对象运行效果

3. 绘制直线

使用 create_line()方法可以创建一个直线对象。具体语法如下：

```
line = canvas.create_line(x0, y0, x1, y1, ..., xn, yn, 选项)
```

参数 x0、y0、x1、y1、...、xn、yn 是线段的端点。

创建线段常用选项：width 指定线段宽度，arrow 指定是否使用箭头（没有箭头为 none，起点有箭头为 first，终点有箭头为 last，两端都有箭头为 both），fill 指定线段颜色，dash 指定线段为虚线（其整数值决定虚线的样式）。

【例 8-4】 使用 create_line()方法创建直线对象。运行效果如图 8-3 所示。

```
from tkinter import *
root = Tk()
cv = Canvas(root, bg = 'white', width = 200, height = 100)
cv.create_line(10, 10, 100, 10, arrow = 'none')      #绘制没有箭头的线段
cv.create_line(10, 20, 100, 20, arrow = 'first')     #绘制起点有箭头的线段
cv.create_line(10, 30, 100, 30, arrow = 'last')      #绘制终点有箭头的线段
cv.create_line(10, 40, 100, 40, arrow = 'both')      #绘制两端都有箭头的线段
cv. create_line(10,50,100,100,width = 3, dash = 7)   #绘制虚线
cv.pack()
root.mainloop()
```

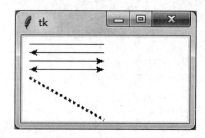

图 8-3 创建直线对象运行效果

4. 绘制矩形

使用 create_rectangle()方法可以创建矩形对象。具体语法如下：

Canvas 对象.create_rectangle(矩形左上角的 x 坐标,矩形左上角的 y 坐标,矩形右下角的 x 坐标,矩形右下角的 y 坐标,选项, ...)

创建矩形对象时的常用选项：outline 指定边框颜色，fill 指定填充颜色，width 指定边框的宽度，dash 指定边框为虚线，stipple 使用指定自定义画刷填充矩形。

【例 8-5】 使用 create_rectangle()方法创建矩形对象。运行效果如图 8-4 所示。

```
from tkinter import *
root = Tk()
#创建一个 Canvas,设置其背景色为白色
cv = Canvas(root, bg = 'white', width = 200, height = 100)
cv.create_rectangle(10,10,110,110, width = 2,fill = 'red')    #指定矩形的填充色为红色,
                                                              #宽度为 2
cv.create_rectangle(120, 20,180, 80, outline = 'green')       #指定矩形的边框颜色为绿色
cv.pack()
root.mainloop()
```

5. 绘制多边形

使用 create_polygon()方法可以创建一个多边形对象，多边形对象可以是一个三角形、矩形或者任意一个多边形。具体语法如下：

Canvas 对象.create_polygon (顶点 1 的 x 坐标,顶点 1 的 y 坐标,顶点 2 的 x 坐标,顶点 2 的 y 坐标, ..., 顶点 n 的 x 坐标,顶点 n 的 y 坐标,选项, ...)

创建多边形对象时的常用选项：outline 指定边框颜色，fill 指定填充颜色，width 指定边框的宽度，smooth 指定多边形的平滑程度(等于 0 表示多边形的边是折线，等于 1 表示多边形的边是平滑曲线)。

【例 8-6】 创建三角形、正方形、对顶三角形对象。运行效果如图 8-5 所示。

```
from tkinter import *
root = Tk()
cv = Canvas(root, bg = 'white', width = 300, height = 100)
cv.create_polygon (35,10,10,60,60,60, outline = 'blue', fill = 'red', width = 2)
                                                    # 等腰三角形
cv.create_polygon (70,10,120,10,120,60, outline = 'blue', fill = 'white', width = 2)
                                                    # 直角三角形
cv.create_polygon (130,10,180,10,180,60, 130,60, width = 4)     # 黑色填充正方形
cv.create_polygon (190,10,240,10,190,60, 240,60, width = 1)     # 对顶三角形
cv.pack()
root.mainloop()
```

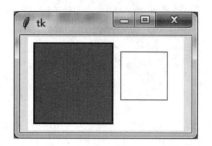

图 8-4 创建矩形对象运行效果

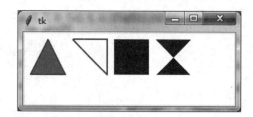

图 8-5 创建多边形运行效果

6. 绘制椭圆

使用 create_oval()方法可以创建一个椭圆对象。具体语法如下：

> Canvas 对象.create_oval(包裹椭圆的矩形左上角 x 坐标,包裹椭圆的矩形左上角 y 坐标,包裹椭圆的矩形右下角 x 坐标,包裹椭圆的矩形右下角 y 坐标,选项,…)

创建椭圆对象时的常用选项：outline 指定边框颜色，fill 指定填充颜色，width 指定边框的宽度。如果包裹椭圆的矩形是正方形则绘制一个圆形。

【例 8-7】 创建椭圆和圆形。运行效果如图 8-6 所示。

```
from tkinter import *
root = Tk()
cv = Canvas(root, bg = 'white', width = 200, height = 100)
cv.create_oval (10,10,100,50, outline = 'blue', fill = 'red', width = 2)   #椭圆
cv.create_oval (100,10,190,100, outline = 'blue', fill = 'red', width = 2) #圆形
cv.pack()
root.mainloop()
```

7. 创建文字对象

使用 create_text()方法可以创建一个文字对象。具体语法如下：

> 文字对象 = Canvas 对象.create_text((文本左上角的 x 坐标,文本左上角的 y 坐标),选项,…)

创建文字对象时的常用选项：text 是文字对象的文本内容，fill 指定文字颜色，anchor 控制文字对象的位置(其取值'w'表示左对齐，'e'表示右对齐，'n'表示顶对齐，'s'表示底对齐，'nw'表示左上对齐，'sw'表示左下对齐，'se'表示右下对齐，'ne'表示右上对齐，'center'表示居中对齐，anchor 默认值为'center')，justify 设置文字对象中文本的对齐方式(其取值'left'表示左对齐，'right'表示右对齐，'center'表示居中对齐，justify 默认值为'center')。

【例 8-8】 创建文本。运行效果如图 8-7 所示。

```
from tkinter import *
root = Tk()
cv = Canvas(root, bg = 'white', width = 200, height = 100)
cv.create_text((10,10), text = 'Hello Python', fill = 'red', anchor = 'nw')
cv.create_text((200,50), text = '你好,Python', fill = 'blue', anchor = 'se')
cv.pack()
root.mainloop()
```

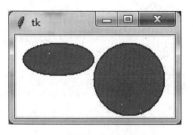
图 8-6 创建椭圆和圆形运行效果

图 8-7 创建文本运行效果

select_from()方法用于指定选中文本的起始位置。具体用法如下：

Canvas 对象.select_from(文字对象,选中文本的起始位置)

select_to()方法用于指定选中文本的结束位置。具体用法如下：

Canvas 对象.select_to(文字对象,选中文本的结束位置)

【例 8-9】 选中文本。运行效果如图 8-8 所示。

```
from tkinter import *
root = Tk()
cv = Canvas(root, bg = 'white', width = 200, height = 100)
txt = cv.create_text((10,10), text = '中原工学院计算机学院', fill = 'red', anchor = 'nw')
#设置选中文本的起始位置
cv.select_from(txt,5)
#设置选中文本的结束位置
cv.select_to(txt,9)                #选中"计算机学院"
cv.pack()
root.mainloop()
```

8. 绘制位图和图像

1）绘制位图

使用 create_bitmap()方法可以绘制 Python 内置的位图。具体方法如下：

Canvas 对象.create_bitmap((x 坐标,y 坐标),bitmap = 位图字符串,选项,...)

图 8-8 选中文本运行效果

其中：(x 坐标,y 坐标)是位图放置的中心坐标；常用选项有 bitmap、activebitmap 和 disabledbitmap，分别用于指定正常、活动、禁用状态显示的位图。

2）绘制图像

在游戏开发中需要使用大量图像，采用 create_image()方法可以绘制图形图像。具体方法如下：

Canvas 对象.create_image((x 坐标,y 坐标), image = 图像文件对象,选项,...)

其中：(x坐标,y坐标)是图像放置的中心坐标；常用选项有 image、activeimage 和 disabled image，分别用于指定正常、活动、禁用状态显示的图像。

注意，可使用 PhotoImage 函数来获取图像文件对象。

```
img1 = PhotoImage(file = 图像文件)
```

例如，img1 = PhotoImage(file = 'C:\\aa.png')可获取笑脸图形。Python 支持的图像文件格式一般为 .png 和 .gif。

【例 8-10】 绘制图像示例。运行效果如图 8-9 所示。

```
from tkinter import *
root = Tk()
cv = Canvas(root)
img1 = PhotoImage(file = 'C:\\aa.png')                  #笑脸
img2 = PhotoImage(file = 'C:\\2.gif')                   #方块A
img3 = PhotoImage(file = 'C:\\3.gif')                   #梅花A
cv.create_image((100,100),image = img1)                 #绘制笑脸
cv.create_image((200,100),image = img2)                 #绘制方块A
cv.create_image((300,100),image = img3)                 #绘制梅花A
d = {1:'error',2:'info',3:'question',4:'hourglass',5:'questhead',
     6:'warning',7:'gray12',8:'gray25',9:'gray50',10:'gray75'}  #字典
#cv.create_bitmap((10,220),bitmap = d[1])
#以下遍历字典绘制Python内置的位图
for i in d:
    cv.create_bitmap((20 * i,20),bitmap = d[i])
cv.pack()
root.mainloop()
```

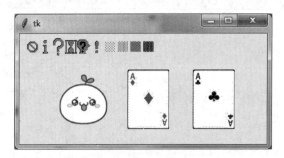

图 8-9 绘制图像示例

学会使用绘制图像，就可以开发图形版的扑克牌游戏了。

9. 修改图形对象的坐标

使用 coords()方法可以修改图形对象的坐标。具体方法如下：

```
Canvas对象.coords(图形对象,(图形左上角的x坐标,图形左上角的y坐标,图形右下角的x坐标,图形右下角的y坐标))
```

因为可以同时修改图形对象的左上角的坐标和右下角的坐标，所以可以缩放图形对象。注意，如果图形对象是图像文件，则只能指定图像中心点坐标，而不能指定图像对象左

上角的坐标和右下角的坐标,故不能缩放图像。

【例 8-11】 修改图形对象的坐标示例。运行效果如图 8-10 所示。

```
from tkinter import *
root = Tk()
cv = Canvas(root)
img1 = PhotoImage(file = 'C:\\aa.png')                    #笑脸
img2 = PhotoImage(file = 'C:\\2.gif')                     #方块 A
img3 = PhotoImage(file = 'C:\\3.gif')                     #梅花 A
rt1 = cv.create_image((100,100), image = img1)            #绘制笑脸
rt2 = cv.create_image((200,100), image = img2)            #绘制方块 A
rt3 = cv.create_image((300,100), image = img3)            #绘制梅花 A
#重新设置方块 A(rt2 对象)的坐标
cv.coords(rt2,(200,50))                                   #调整 rt2 对象方块 A 位置
rt4 = cv.create_rectangle(20,140,110,220,outline = 'red', fill = 'green')   #正方形对象
cv.coords(rt4,(100,150,300,200))                          #调整 rt4 对象位置
cv.pack()
root.mainloop()
```

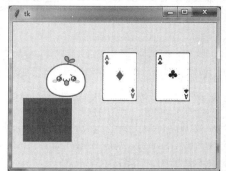 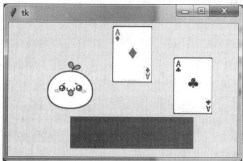

图 8-10 调整图形对象位置之前和之后效果

10. 移动指定图形对象

使用 move()方法可以修改图形对象的坐标。具体方法如下:

Canvas 对象.move(图形对象, x 坐标偏移量, y 坐标偏移量)

【例 8-12】 移动指定图形对象示例。运行效果如图 8-11 所示。

```
from tkinter import *
root = Tk()
#创建一个 Canvas,设置其背景色为白色
cv = Canvas(root, bg = 'white', width = 200, height = 120)
rt1 = cv.create_rectangle(20,20,110,110,outline = 'red',stipple = 'gray12',fill = 'green')
cv.pack()
rt2 = cv.create_rectangle(20,20,110,110,outline = 'blue')
cv.move(rt1,20, -10)          #移动 rt1
cv.pack()
root.mainloop()
```

为了对比移动图形对象的效果,程序在同一位置绘制了两个矩形,其中矩形 rt1 有背景花纹,rt2 无背景填充。然后用 move()方法移动 rt1,将被填充的矩形 rt1 向右移动 20 像素,向上移动 10 像素,则出现如图 8-11 所示的效果。

11. 删除图形对象

使用 delete()方法可以删除图形对象。具体方法如下:

```
Canvas 对象.delete(图形对象)
```

例如:

```
cv.delete(rt1)              #删除 rt1 图形对象
```

12. 缩放图形对象

使用 scale()方法可以缩放图形对象,具体方法如下:

```
Canvas 对象.scale(图形对象, x 轴偏移量, y 轴偏移量, x 轴缩放比例, y 轴缩放比例)
```

【例 8-13】 缩放图形对象示例。对相同图形对象放大或缩小,运行效果如图 8-12 所示。

```
from tkinter import *
root = Tk()
#创建一个 Canvas,设置其背景色为白色
cv = Canvas(root, bg = 'white', width = 200, height = 300)
rt1 = cv.create_rectangle(10,10,110,110,outline = 'red',stipple = 'gray12', fill = 'green')
rt2 = cv.create_rectangle(10,10,110,110,outline = 'green',stipple = 'gray12', fill = 'red')
cv.scale(rt1,0,0,1,2)           #y 方向放大一倍
cv.scale(rt2,0,0,0.5,0.5)       #大小缩小一半
cv.pack()
root.mainloop()
```

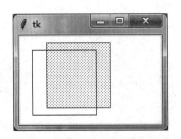

图 8-11 移动指定图形对象运行效果

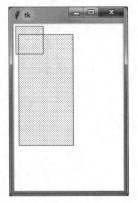

图 8-12 缩放图形对象运行效果

8.4 程序设计的步骤

视频讲解

图形版发牌程序导入相关模块：

```
from tkinter import *
import random
```

假设 52 张牌，不包括大小王。

```
n = 52
```

gen_pocker(n)函数实现对 n 张牌的洗牌。方法是随机产生两个下标，将此下标的列表元素交换达到洗牌目的。列表元素存储的是某张牌(实际上是牌的编号)。

```
def gen_pocker(n):
    x = 100
    while(x > 0):
        x = x - 1
        p1 = random.randint(0, n - 1)      #随机产生两个下标 p1,p2
        p2 = random.randint(0, n - 1)
        t = pocker[p1]                      #使用临时变量实现下标 p1,p2 位置元素交换
        pocker[p1] = pocker[p2]
        pocker[p2] = t
    return pocker
```

在 Python 中实现交换功能，也可以不创建临时变量，用一个非常简单的方式来交换变量：

```
x, y = y, x
pocker[p1], pocker[p2] = pocker[p2], pocker[p1]
```

以下是主程序。

将要发的 52 张牌，按梅花 0,1,2,…,12，方块 13,14,…,25，红桃 26,27,…,38，黑桃 39,40,…,51 的顺序编号并存储在 pocker 列表中(未洗牌之前)。

```
pocker = [i for i in range(n)]
```

调用 gen_pocker(n)函数实现对 n 张牌的洗牌。

```
pocker = gen_pocker(n)  #实现对 n 张牌的洗牌
print(pocker)

(player1, player2, player3, player4) = ([],[],[],[])    #4 位牌手各自牌的图片列表
(p1, p2, p3, p4) = ([],[],[],[])                         #4 位牌手各自牌的编号列表
root = Tk()
#创建一个 Canvas,设置其背景色为白色
cv = Canvas(root, bg = 'white', width = 700, height = 600)
```

将要发的52张牌图片，按梅花0,1,2,…,12,方块13,14,…,25,红桃26,27,…,38,黑桃39,40,…,51的顺序编号存储到扑克牌图片imgs列表中。也就是说imgs[0]存储梅花A的图片1-1.gif,imgs[1]存储梅花2的图片1-2.gif,则imgs[14]存储方块2的图片2-2.gif,目的是根据牌的编号找到对应的图片。

```
imgs = []
for i in range(1,5):
    for j in range(1,14):
        imgs.insert((i-1)*13+(j-1),PhotoImage(file = str(i) + '-' + str(j) + '.gif'))
```

实现每人发13张牌，每轮发4张，一位牌手发一张，总计13轮发牌。

```
for x in range(13):                    #13轮发牌
    m = x * 4
    p1.append( pocker[m] )
    p2.append( pocker[m + 1] )
    p3.append( pocker[m + 2] )
    p4.append( pocker[m + 3] )
```

对牌手的牌进行排序，就是相当于理牌，同花色的牌在一起。

```
p1.sort()                              #对牌手的牌进行排序
p2.sort()
p3.sort()
p4.sort()
```

根据每位牌手手中牌的编号绘制并显示对应的图片。

```
for x in range(0,13):
    img = imgs[p1[x]]
    player1.append(cv.create_image((200 + 20 * x,80),image = img))
    img = imgs[p2[x]]
    player2.append(cv.create_image((100,150 + 20 * x),image = img))
    img = imgs[p3[x]]
    player3.append(cv.create_image((200 + 20 * x,500),image = img))
    img = imgs[p4[x]]
    player4.append(cv.create_image((560,150 + 20 * x),image = img))
print("player1:",player1)
print("player2:",player2)
print("player3:",player3)
print("player4:",player4)
cv.pack()
root.mainloop()
```

至此完成图形版发牌程序的设计。掌握以上技术后，请读者思考如下任务的实现：
(1) 实现15×15棋盘的五子棋游戏界面的绘制。
(2) 实现国际象棋界面的绘制。
(3) 实现推箱子游戏界面的绘制。

视频讲解

可视化应用——学生成绩分布柱状图展示

9.1 程序功能介绍

学生成绩存储在 Excel 文件(见表 9-1)中,本程序从 Excel 文件读取学生成绩,统计各个分数段(90 分以上,80~89 分,70~79 分,60~69 分,60 分以下)学生人数,并用柱状图(见图 9-1)展示学生成绩分布,同时计算出最高分、最低分、平均成绩等分析指标。

表 9-1　Mark.xlsx 文件

xuehao	name	physics	python	math	english
199901	张　海	100	100	95	72
199902	赵大强	95	94	94	88
199903	李志宽	94	76	93	91
199904	吉建军	89	78	96	100
...					

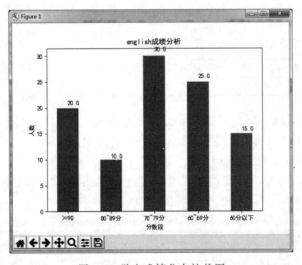

图 9-1　学生成绩分布柱状图

9.2 程序设计的思路

本程序涉及从 Excel 文件读取学生成绩,这里使用第三方的 xlrd 和 xlwt 两个模块来读和写 Excel 文件,学生成绩获取后存储到二维列表这样的数据结构中。学生成绩分布柱状图展示可采用 Python 下最出色的绘图库 Matplotlib,它可以轻松实现柱状图、饼图等可视化图形。

9.3 关键技术

9.3.1 Python 的第三方库

Python 语言有标准库和第三方库两种,标准库随 Python 安装包一起发布,用户可以随时使用,第三方库需要安装后才能使用。由于 Python 语言经历了版本更迭,而且第三方库由全球开发者分布式维护,缺少统一的集中管理,因此,Python 第三方库曾经一度制约了 Python 语言的普及和发展。随着官方 pip 工具的应用,Python 第三方库的安装变得十分容易。常用 Python 第三方库如表 9-2 所示。

表 9-2 Python 常用第三方库

库 名 称	库 用 途
Django	开源 Web 开发框架,它鼓励快速开发,并遵循 MVC 设计,比较好用,开发周期短
webpy	一个小巧灵活的 Web 框架,虽然简单但是功能强大
Matplotlib	用 Python 实现的类 MATLAB 的第三方库,用以绘制一些高质量的数学二维图形
SciPy	基于 Python 的 MATLAB 实现,旨在实现 MATLAB 的所有功能
NumPy	基于 Python 的科学计算第三方库,提供了矩阵、线性代数、傅里叶变换等解决方案
PyGtk	基于 Python 的 GUI 程序开发 GTK+库
PyQt	用于 Python 的 QT 开发库
WxPython	Python 下的 GUI 编程框架,与 MFC 的架构相似
BeautifulSoup	基于 Python 的 HTML/XML 解析器,简单易用
PIL	基于 Python 的图像处理库,功能强大,对图形文件的格式支持广泛
MySQLdb	用于连接 MySQL 数据库
PyGame	基于 Python 的多媒体开发和游戏软件开发模块
Py2exe	将 Python 脚本转换为 Windows 上可以独立运行的可执行程序
pefile	Windows PE 文件解析器

最常用且最高效的 Python 第三方库安装方式是采用 pip 工具安装。pip 是 Python 官方提供并维护的在线第三方库安装工具。对于同时安装 Python 2 和 Python 3 环境的系统,建议采用 pip3 命令专门为 Python 3 安装第三方库。

例如,安装 pygame 库,pip 工具默认从网络上下载 pygame 库安装文件并自动装到系统中。注意,pip 是在命令行下(cmd)运行的工具。

```
D:\> pip install pygame
```

也可以卸载 pygame 库,卸载过程可能需要用户确认。

```
D:\> pip uninstall pygame
```

可以通过 list 子命令列出当前系统中已经安装的第三方库,例如:

```
D:\> pip list
```

pip 是 Python 第三方库最主要的安装方式,可以安装超过 90% 以上的第三方库。然而,由于一些历史、技术等原因,还有一些第三方库暂时无法用 pip 安装,此时需要其他的安装方法(例如下载库文件后手工安装),可以参照第三方库提供的步骤和方式安装。

Matplotlib 是 Python 下最出色的绘图库,功能很完善,同时也继承了 Python 的简单明了的风格,其可以很方便地设计和输出二维以及三维的数据,其提供了常规的笛卡儿坐标、极坐标、球坐标、三维坐标等。其输出的图片质量也达到了科技论文中的印刷质量,日常的基本绘图更不在话下。

安装 Matplotlib 之前先要安装 NumPy。

首先安装 NumPy:

```
pip3 install numpy
```

再安装 Matplotlib:

```
pip3 install Matplotlib
```

Matplotlib 是开源工具,可以从 http://matplotlib.sourceforge.net 获取使用说明和教程。

9.3.2 Matplotlib.pyplot 模块——快速绘图

视频讲解

Matplotlib 的 pyplot 子库提供了和 MATLAB 类似的绘图 API,方便用户快速绘制 2D 图表。Matplotlib 还提供了一个名为 pylab 的模块,其中包括了许多 NumPy 和 pyplot 模块中常用的函数,方便用户快速进行计算和绘图,十分适合在 Python 交互式环境中使用。

【例 9-1】 一个简单的绘制正弦三角函数 y=sin(x)的例子。

```
# plot a sine wave from 0 to 4pi
import matplotlib.pyplot as plt
from numpy import *                                    # 也可以使用 from pylab import *
plt.figure(figsize = (8,4))                            # 创建一个绘图对象,大小为 800×400 像素
x_values = arange(0.0, math.pi * 4, 0.01)              # 步长 0.01,初始值 0.0,终值 4π
y_values = sin(x_values)
plt.plot(x_values, y_values, 'b--', linewidth = 1.0, label = '$ sin(x)$')   # 进行绘图
plt.xlabel('x')                                        # 设置 x 轴的文字
plt.ylabel('sin(x)')                                   # 设置 y 轴的文字
plt.ylim(-1, 1)                                        # 设置 y 轴的范围
plt.title('Simple plot')                               # 设置图表的标题
plt.legend()                                           # 显示图例(legend)
plt.grid(True)                                         # 显示网格
plt.savefig("sin.png")                                 # 保存曲线图片
plt.show()                                             # 显示图形
```

运行效果如图 9-2 所示。

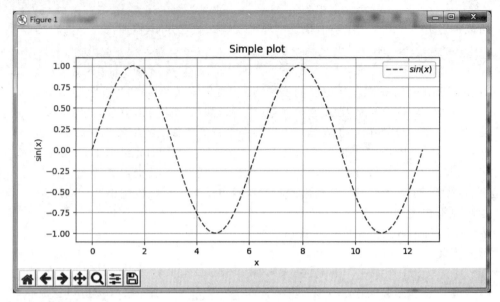

图 9-2　绘制正弦三角函数

1. 调用 figure() 函数创建一个绘图对象

```
plt.figure(figsize=(8,4))
```

调用 figure() 函数创建一个绘图对象，也可以不创建绘图对象而直接调用 plot() 函数直接绘图，此时 Matplotlib 会自动创建一个绘图对象。

如果需要同时绘制多幅图表，可以给 figure() 函数传递一个整数参数指定图表的序号，如果所指定序号的绘图对象已经存在，将不创建新的对象，而只是让它成为当前绘图对象。

figsize 参数：指定绘图对象的宽度和高度，单位为英寸；dpi 参数指定绘图对象的分辨率，即每英寸多少个像素，默认值为 100。因此本例中所创建的图表窗口的宽度为 8×100＝800（像素），高度为 4×100＝400（像素）。

用 show() 函数显示的工具栏中"保存"按钮保存下来的 png 图像的大小是 800×400 像素。这个 dpi 参数，可以通过如下语句进行查看：

```
>>> import matplotlib
>>> matplotlib.rcParams["figure.dpi"]          # 每英寸多少像素
100
```

2. 通过调用 plot() 函数在当前的绘图对象中进行绘图

创建 Figure 对象之后，接下来调用 plot() 函数在当前的 Figure 对象中绘图。实际上 plot() 函数是在 Axes（子图）对象上绘图，如果当前的 Figure 对象中没有 Axes 对象，将会为之创建一个几乎充满整个图表的 Axes 对象，并且使此 Axes 对象成为当前的 Axes 对象。

第9章 可视化应用——学生成绩分布柱状图展示

```
x_values = arange(0.0, math.pi * 4, 0.01)
y_values = sin(x_values)
plt.plot(x_values, y_values, 'b--', linewidth=1.0, label="sin(x)")
```

(1) 第3句将 x,y 数组传递给 plot() 函数。

(2) 通过第三个参数 "b--" 指定曲线的颜色和线形,这个参数称为格式化参数,它能够通过一些易记的符号快速指定曲线的样式。其中,b 表示蓝色,"--" 表示线形为虚线。常用作图参数如下。

颜色(color,简写为 c):

```
蓝色: 'b'(blue)
绿色: 'g'(green)
红色: 'r'(red)
蓝绿色(墨绿色): 'c'(cyan)
红紫色(洋红): 'm'(magenta)
黄色: 'y'(yellow)
黑色: 'k'(black)
白色: 'w'(white)
灰度表示: e.g. 0.75 ([0,1]内任意浮点数)
RGB 表示法: e.g. '#2F4F4F' 或 (0.18, 0.31, 0.31)
```

线形(linestyles,简写为 ls):

```
实线: '-'
虚线: '--'
虚点线: '-.'
点线: ':'
点: '.'
星形: '*'
```

线宽(linewidth):浮点数(float)。

pyplot 的 plot() 函数与 MATLAB 很相似,也可以在后面增加属性值,可以用 help() 函数查看说明:

```
>>> import matplotlib.pyplot as plt
>>> help(plt.plot)
```

例如,用 'r*'(即红色)、星形来画图。

```
import math
import matplotlib.pyplot as plt
y_values = []
x_values = []
num = 0.0
# collect both num and the sine of num in a list
while num < math.pi * 4:
    y_values.append(math.sin(num))
    x_values.append(num)
```

```
        num += 0.1
plt.plot(x_values,y_values,'r*')
plt.show()
```

运行效果如图 9-3 所示。

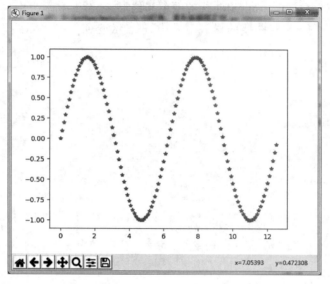

图 9-3　用红色星形来绘制正弦三角函数

(3) 用关键字参数指定各种属性。label：给所绘制的曲线一个名字，此名字在图例 (legend) 中显示。只要在字符串前后添加"＄"符号，Matplotlib 就会使用其内嵌的 latex 引擎绘制的数学公式。color 指定曲线的颜色，linewidth 指定曲线的宽度。

例如：

```
plt.plot(x_values, y_values, color = 'r*', linewidth = 1.0)      #红色,线条宽度为1
```

3. 设置绘图对象的各个属性

xlabel、ylabel：分别设置 x、y 轴的标题文字。
title：设置图的标题。
xlim、ylim：分别设置 x、y 轴的显示范围。
legend()：显示图例，即图中表示每条曲线的标签 (label) 和样式的矩形区域。
例如：

```
plt.xlabel('x')                  #设置 x 轴的文字
plt.ylabel('sin(x)')             #设置 y 轴的文字
plt.ylim(-1, 1)                  #设置 y 轴的范围
plt.title('Simple plot')         #设置图表的标题
plt.legend()                     #显示图例(legend)
```

pyplot 模块提供了一组读取和显示相关的函数，用于在绘图区域中增加显示内容及读入数据，如表 9-3 所示。这些函数需要与其他函数搭配使用，此处读者有所了解即可。

表 9-3　pyplot 模块的读取和显示函数

函　数	功　能
plt.legend()	在绘图区域中放置绘图标签(也称图注或者图例)
plt.show()	显示创建的绘图对象
plt.matshow()	在窗口显示数组矩阵
plt.imshow()	在 axes 上显示图像
plt.imsave()	保存数组为图像文件
plt.imread()	从图像文件中读取数组

4. 清空 plt 绘制的内容

```
plt.cla()            #清空 plt 绘制的内容
plt.close(0)         #关闭 0 号图
plt.close('all')     #关闭所有图
```

5. 图形保存和输出设置

可以调用 plt.savefig() 将当前的 Figure 对象保存成图像文件,图像格式由图像文件的扩展名决定。下面的程序将当前的图保存为 test.png,并且通过 dpi 参数指定图像的分辨率为 120,因此输出图像的宽度为 960 像素。

```
plt.savefig("test.png",dpi = 120)
```

Matplotlib 中绘制完成图形之后通过 show() 展示出来,用户还可以通过图形界面中的工具栏对其进行设置和保存。图形界面下方工具栏中的按钮还可以设置图形上、下、左、右的边距。

6. 在图表中显示中文

Matplotlib 的默认配置文件中所使用的字体无法正确显示中文。为了让图表能正确显示中文,在 .py 文件头部加上如下内容:

```
plt.rcParams['font.sans-serif'] = ['SimHei']        #指定默认字体
plt.rcParams['axes.unicode_minus'] = False          #解决保存图像是负号'-'显示为方块的问题
```

其中'SimHei'表示黑体字。常用中文字体及其英文表示如下:

```
宋体 SimSun    黑体 SimHei    楷体 KaiTi    微软雅黑 Microsoft YaHei    隶书 LiSu    仿宋 FangSong    幼
圆 YouYuan    华文宋体 STSong    华文黑体 STHeiti    苹果丽中黑 Apple LiGothic Medium
```

9.3.3　绘制条形图、饼状图、散点图

Matplotlib 是一个 Python 的绘图库,使用其绘制出来的图形效果和 MATLAB 下绘制的图形类似。pyplot 模块提供了 14 个用于绘制"基础图表"的常用函数,如表 9-4 所示。

表 9-4　pyplot 模块的绘制基础图表函数

函　　数	功　　能
plt.plot(x, y, label, color, width)	根据 x、y 数组绘制点、直线或曲线
plt.boxplot(data, notch, position)	绘制一个箱形图(box-plot)
plt.bar(left, height, width, bottom)	绘制一个条形图
plt.barh(bottom, width, height, left)	绘制一个横向条形图
plt.polar(theta, r)	绘制极坐标图
plt.pie(data, explode)	绘制饼图
plt.psd(x, NFFT=256, pad_to, Fs)	绘制功率谱密度图
plt.specgram(x, NFFT=256, pad_to, F)	绘制谱图
plt.cohere(x, y, NFFT=256, Fs)	绘制 x-y 的相关性函数
plt.scatter()	绘制散点图(x、y 是长度相同的序列)
plt.step(x, y, where)	绘制步阶图
plt.hist(x, bins, normed),	绘制直方图
plt.contour(X, Y, Z, N)	绘制等值线
pit.vlines()	绘制垂直线
plt.stem(x, y, linefmt, markerfmt, basefmt)	绘制曲线每个点到水平轴线的垂线
plt.plot_date()	绘制数据日期
plt.plothle()	绘制数据后写入文件

pyplot 模块提供了 3 个区域填充函数，对绘图区域填充颜色，如表 9-5 所示。

表 9-5　pyplot 模块的区域填充函数

函　　数	功　　能
fill(x,y,c,color)	填充多边形
fill_between(x,y1,y2,where,color)	填充两条曲线围成的多边形
fill_betweenx(y,x1,x2,where,hold)	填充两条水平线之间的区域

下面通过一些简单的代码介绍如何使用 Python 绘图。

1. 直方图

直方图(histogram)又称质量分布图，是一种统计报告图，由一系列高度不等的纵向条纹或线段表示数据分布的情况。一般用横轴表示数据类型，纵轴表示分布情况。直方图的绘制通过 pyplot 中的 hist() 来实现。

```
pyplot.hist(x, bins = 10, color = None, range = None, rwidth = None, normed = False, orientation = u'vertical', ** kwargs)
```

hist() 的主要参数如下：

x：arrays，指定每个 bin 条状图(箱子)分布在 x 轴的位置。

bins：指定 bin 的个数，也就是总共有几条条状图。

normed：是否对 y 轴数据进行标准化(如果为 True，则是在本区间的点在所有的点中所占的概率)。normed 参数已经不用了，替换成 density，density=True 表示概率分布。

color：指定条状图(箱子)的颜色。

【例 9-2】 程序产生 20 000 个正态分布随机数,用概率分布直方图显示。运行效果如图 9-4 所示。

```
#概率分布直方图,本例是标准正态分布
import matplotlib.pyplot as plt
import numpy as np
mu = 100                                    #设置均值,中心所在点
sigma = 20                                  #用于将每个点都扩大相应的倍数
#x 中的点分布在 mu 旁边,以 mu 为中点
x = mu + sigma * np.random.randn(20000)     #随机样本数量 20000
#bins 设置分组的个数为 100(显示有 100 个直方)
#plt.hist(x,bins = 100,color = 'green',normed = True)  #旧版本语法
plt.hist(x,bins = 100,color = 'green',density = True, stacked = True)
plt.show()
```

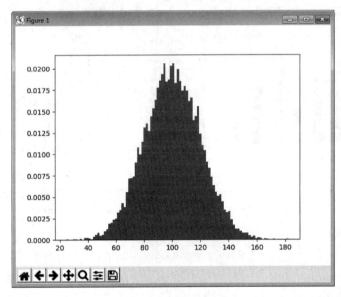

图 9-4 直方图实例

2. 条形图

条形图(bar,或称柱状图)是用一个单位长度表示一定的数量,根据数量的多少画成长短不同的直条,然后把这些直条按一定的顺序排列起来。从条形统计图中很容易看出各种数量的多少。条形图的绘制通过 pyplot 中的 bar() 或者是 barh() 来实现。bar() 默认绘制竖直方向的条形图,也可以通过设置 orientation = "horizontal" 参数来绘制水平方向的条形图。barh() 就是绘制水平方向的条形图。

【例 9-3】 绘制条形图示例程序。

```
import matplotlib.pyplot as plt
import numpy as np
y = [20,10,30,25,15,34,22,11]
x = np.arange(8)    #0 --- 7
plt.bar(x = x,height = y,color = 'green',width = 0.5)  #通过设置 x 来设置并列显示
plt.show()
```

运行效果如图 9-5 所示。也可以绘制层叠的条形图,运行效果如图 9-6 所示。

```python
import numpy as np
import matplotlib.pyplot as plt
x = np.random.randint(10, 50, 20)
y1 = np.random.randint(10, 50, 20)
y2 = np.random.randint(10, 50, 20)
plt.ylim(0, 100)  # 设置 y 轴的显示范围
plt.bar(x = x, height = y1, width = 0.5, color = "red", label = "$ y1 $")
# 设置一个底部,底部就是 y1 的显示结果,y2 在上面继续累加即可。
plt.bar(x = x, height = y2, bottom = y1, width = 0.5, color = "blue", label = "$ y2 $")
plt.legend()
plt.show()
```

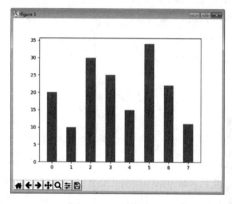

图 9-5　条形图实例

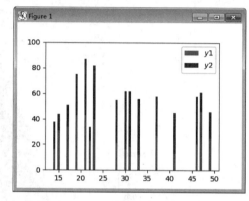

图 9-6　层叠的条形图实例

3. 散点图

散点图(scatter diagram)在回归分析中是数据点在直角坐标系平面上的分布图。一般用两组数据构成多个坐标点,考查坐标点的分布,判断两变量之间是否存在某种关联或总结坐标点的分布模式。使用 pyplot 中的 scatter() 绘制散点图。

【例 9-4】　绘制散点图示例程序。

```python
import matplotlib.pyplot as plt
import numpy as np
# 产生 100~200 的 10 个随机整数
x = np.random.randint(100, 200, 10)
y = np.random.randint(100, 130, 10)
# x 指 x 轴 ,y 指 y 轴
# s 设置数据点显示的大小(面积),c 设置显示的颜色
# marker 设置显示的形状,"o"是圆,"v"是向下三角形,"^"是向上三角形,所有的类型见网址
# http://matplotlib.org/api/markers_api.html?highlight = marker#module - matplotlib.markers
# alpha 设置点的透明度
plt.scatter(x, y, s = 100, c = "r", marker = "v", alpha = 0.5)    # 绘制图形
plt.show()                                                         # 显示图形
```

散点图实例效果如图 9-7 所示。

第9章 可视化应用——学生成绩分布柱状图展示

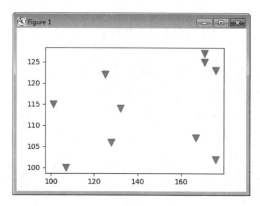

图 9-7　散点图实例

4．饼状图

饼状图（sector graph，又名 pie graph）显示一个数据系列中各项的大小与各项总和的比例。饼状图中的数据点显示为整个饼状图的百分比。使用 pyplot 中的 pie()绘制饼状图。

【例 9-5】　绘制饼状图示例程序。

```
import numpy as np
import matplotlib.pyplot as plt
labels = ["一季度","二季度","三季度","四季度"]
labels = ["A", "B", "C", "D"]
facts = [25, 40, 20, 15]
explode = [0, 0.03, 0, 0.03]
#设置显示的是一个正圆,长宽比为 1∶1
plt.axes(aspect = 1)
#x 为数据,根据数据在所有数据中所占的比例显示结果
#labels 设置每个数据的标签
#autoper 设置每一块所占的百分比
#explode 设置某一块或者很多块突出显示出来,由上面定义的 explode 数组决定
#shadow 设置阴影,这样显示的效果更好
plt.pie(x = facts, labels = labels, autopct = "%.0f%%", explode = explode, shadow = True)
plt.show()
```

饼状图实例效果如图 9-8 所示。

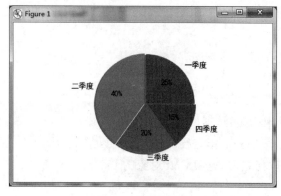

图 9-8　饼状图实例

9.3.4　Python 读取 Excel 文件

第三方的 xlrd 和 xlwt 两个模块分别用来读和写 Excel 文件,支持.xls 和.xlsx 格式,Python 不默认包含这两个模块。这两个模块之间相互独立,没有依赖关系,也就是说可以根据需要只安装其中一个。安装 xlrd 和 xlwt 模块时可以使用 pip install <模块名>格式,如下所示:

```
pip install xlrd
pip install xlwt
```

当看到类似 Successfully 的字样时,表明已经安装成功了。

Python 使用 xlrd 模块读取 Excel 文件,xlrd 提供的接口比较多,常用的如下。

1. Book 工作簿对象

open_workbook()打开指定的 Excel 文件,返回一个 Book 工作簿对象。

```
data = xlrd.open_workbook('excelFile.xls')     #打开 Excel 文件
```

通过 Book 工作簿对象可以得到各个 Sheet 工作表对象(一个 Excel 文件可以有多个 Sheet,每个 Sheet 就是一张表格)。Book 工作簿对象属性和方法如下。

Book.nsheets:返回 Sheet 的数目。

Book.sheets():返回所有 Sheet 对象的 list。

Book.sheet_by_index(index):返回指定索引处的 Sheet,相当于 Book.sheets()[index]。

Book.sheet_names():返回所有 Sheet 对象名字的 list。

Book.sheet_by_name(name):根据指定 Sheet 对象名字返回 Sheet。

例如:

```
table = data.sheets()[0]                    #通过索引顺序获取 Sheet
table = data.sheet_by_index(0)              #通过索引顺序获取 Sheet
table = data.sheet_by_name('Sheet1')        #通过名称获取 Sheet
```

2. Sheet 工作表对象

通过 Sheet 对象可以获取各个单元格,每个单元格是一个 Cell 对象。Sheet 对象的属性和方法如下。

Sheet.name:返回表格的名称。

Sheet.nrows:返回表格的行数。

Sheet.ncols:返回表格的列数。

Sheet.row(r):获取指定行,返回 Cell 对象的 list。

Sheet.row_values(r):获取指定行的值,返回 list。

Sheet.col(c):获取指定列,返回 Cell 对象的 list。

Sheet.col_values(c)：获取指定列的值，返回 list。
Sheet.cell(r，c)：根据位置获取 Cell 对象。
Sheet.cell_value(r，c)：根据位置获取 Cell 对象的值。
例如：

```
cell_A1 = table.cell(0,0).value      # 获取 A1 单元格的值，或者使用 table.cell.value(0,0)
cell_C4 = table.cell(2,3).value      # 获取 C4 单元格的值，或者使用 table.cell.value(2,3)
```

例如，循环输出表数据：

```
nrows = table.nrows                  # 表格的行数
ncols = table.ncols                  # 表格的列数
for i in range(nrows):
    print (table.row_values(i) )
```

3. Cell 对象

Cell 对象的 Cell.value 返回单元格的值。

【例 9-6】 读取图 9-9 所示的 Excel 文件 test.xls 示例代码。

	A	B	C
1	王海	男	23
2	程海鹏	男	41
3			
4			

图 9-9 test.xls 文件

```
import xlrd
wb = xlrd.open_workbook('test.xls')      # 打开文件
sheetNames = wb.sheet_names()             # 查看包含的工作表
print(sheetNames)                         # 输出所有工作表的名称,['sheet_test']
# 获得工作表的两种方法
sh = wb.sheet_by_index(0)
sh = wb.sheet_by_name('sheet_test')       # 通过名称'sheet_test'获取对应的 Sheet
# 单元格的值
cellA1 = sh.cell(0,0)
cellA1Value = cellA1.value
print(cellA1Value)                        # 王海
# 第一列的值
columnValueList = sh.col_values(0)
print(columnValueList)                    # ['王海', '程海鹏']
```

运行结果如下：

```
['sheet_test']
王海
['王海', '程海鹏']
```

9.4 程序设计的步骤

1. 读取学生成绩 Excel 文件

```python
import xlrd
wb = xlrd.open_workbook('marks.xlsx')      #打开文件
sheetNames = wb.sheet_names()              #查看包含的工作表
#获得工作表的两种方法
sh = wb.sheet_by_index(0)
sh = wb.sheet_by_name('Sheet1')            #通过名称'Sheet1'获取对应的Sheet
#第一行的值,课程名
courseList = sh.row_values(0)
print(courseList[2:])                      #打印出所有课程名
course = input("请输入需要展示的课程名:")
m = courseList.index(course)
#第 m 列的值
columnValueList = sh.col_values(m)         #['math', 95.0, 94.0, 93.0, 96.0]
print(columnValueList)                     #展示的指定课程的分数
scoreList = columnValueList[1:]
print('最高分:',max(scoreList))
print('最低分:',min(scoreList))
print('平均分:',sum(scoreList)/len(scoreList) )
```

运行结果如下:

```
['physics','python','math','english']
请输入需要展示的课程名:english
['english', 72.0, 88.0, 91.0, 100.0, 56.0, 75.0, 23.0, 72.0, 88.0, 56.0, 88.0, 78.0, 88.0, 99.0, 88.0, 88.0, 88.0, 66.0, 88.0, 78.0, 88.0, 77.0, 77.0, 77.0, 88.0, 77.0, 77.0]
最高分:100.0
最低分:23.0
平均分:78.92592592592592
```

2. 柱状图展示学生成绩分布

```python
import matplotlib.pyplot as plt
import numpy as np
y = [0,0,0,0,0]                            #存放个分数段人数
for score in scoreList:
    if score >= 90:
        y[0] += 1
    elif score >= 80:
        y[1] += 1
    elif score >= 70:
        y[2] += 1
    elif score >= 60:
```

```
        y[3] += 1
    else:
        y[4] += 1
x1 = ['>=90','80~89 分','70~79 分','60~69 分','60 分以下']
x = [1,2,3,4,5]
plt.xlabel("分数段")
plt.ylabel("人数")
plt.rcParams['font.sans-serif'] = ['SimHei']      #指定默认字体
plt.xticks(x,x1)                                   #设置 x 坐标
rects = plt.bar(left = x,height = y,color = 'green',width = 0.5)    #绘制柱状图
plt.title(course + "成绩分析")                     #设置图表标题
for rect in rects:                                 #显示每个条形图对应的数字
    height = rect.get_height()
    plt.text(rect.get_x() + rect.get_width()/2.0, 1.03 * height, "%s" % float(height))
plt.show()
```

运行效果如图 9-10 所示。

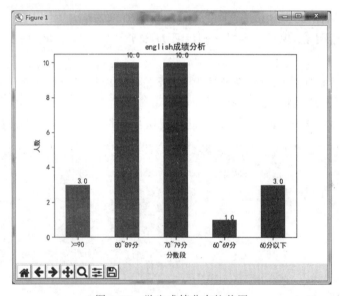

图 9-10 学生成绩分布柱状图

数据库应用——智力问答测试

10.1 智力问答测试程序功能介绍

　　智力问答测试程序测试内容涉及历史、经济、风情、民俗、地理、人文等古今中外多方面的知识，让用户在轻松娱乐、益智、搞笑的时候，不知不觉地增长知识。答题过程中做对、做错实时跟踪。测试完成后，能根据用户答题情况给出成绩。程序运行界面如图10-1所示。

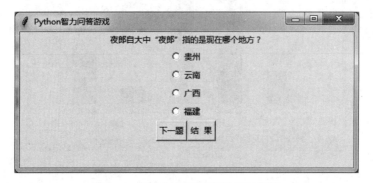

图 10-1　智力问答测试程序运行界面

10.2 程序设计的思路

　　程序使用一个 SQLite 试题库 test2.db，其中每个智力问答由题目、4 个选项和正确答案（question，Answer_A，Answer_B，Answer_C，Answer_D，right_Answer）组成。测试前，程序从试题库 test2.db 中读取试题信息，存储到 values 列表。测试时，顺序从 values 列表中读出题目显示在 GUI 供用户答题。界面设计时，智力问答题目是标签控件；4 个选项是单选按钮控件；在"下一题"按钮单击事件中实现题目切换和对错判断，如果正确则得分

score 加 10 分,如果错误则不加分。并判断用户是否做完。在"结果"按钮单击事件中实现得分 score 显示。

10.3 关键技术

视频讲解

Python 2.5 版本以上就内置了 SQLite 3,所以在 Python 中使用 SQLite,不需要任何安装即可直接使用。SQLite 3 数据库使用 SQL。SQLite 作为后端数据库,可以制作有数据存储需求的工具。Python 标准库中的 SQLite 3 提供该数据库的接口。

10.3.1 访问数据库的步骤

从 Python 2.5 开始,SQLite 3 就成为 Python 的标准模块,这也是 Python 中唯一一个数据库接口类模块,这大大方便了用户使用 Python SQLite 数据库开发小型数据库应用系统。

Python 的数据库模块有统一的接口标准,所以数据库操作都有统一的模式,操作数据库 SQLite 3 主要分为以下几步。

1. 导入 Python SQLite 数据库模块

Python 标准库中带有 SQLite 3 模块,可直接导入:

```
import sqlite3
```

2. 建立数据库连接,返回 Connection 对象

使用数据库模块的 connect()函数建立数据库连接,返回连接对象 con():

```
con = sqlite3.connect(connectstring)    #连接到数据库,返回 sqlite3.connection 对象
```

说明:connectstring 是连接字符串。对于不同的数据库连接对象,其连接字符串的格式各不相同,sqlite 的连接字符串为数据库的文件名,如"e:\test.db"。如果指定连接字符串为 memory,则可创建一个内存数据库。例如:

```
import sqlite3
con = sqlite3.connect("E:\\test.db")    #注意路径字符串会转义,所以此处写\\
```

如果 E:\test.db 存在,则打开数据库;否则在该路径下创建数据库 test.db 并打开。

3. 创建游标对象

使用游标对象能够灵活地对从表中检索出的数据进行操作,就本质而言,游标实际上是一种能从包括多条数据记录的结果集中每次提取一条记录的机制。Cursor 是每行的集合。

调用 con.cursor()创建游标对象 cur:

```
cur = con.cursor()    #创建游标对象
```

4. 使用 Cursor 对象的 execute()执行 SQL 命令返回结果集

调用 cur.execute()、executemany()、executescript()方法查询数据库。

cur.execute(sql)：执行 SQL 语句。

cur.execute(sql,parameters)：执行带参数的 SQL 语句。

cur.executemany(sql,seq_of_pqrameters)：根据参数执行多次 SQL 语句。

cur.executescript(sql_script)：执行 SQL 脚本。

例如，创建一个表 category。

```
cur.execute(''CREATE TABLE category(id primary key,sort,name)'')
```

将创建一个包含 id、sort 和 name 3 个字段的表 category。下面向表中插入记录：

```
cur.execute("INSERT INTO category VALUES (1, 1, 'computer')")
```

SQL 语句的字符串中可以使用占位符？表示参数，传递的参数使用元组。例如：

```
cur.execute("INSERT INTO category VALUES (?, ?,?) ",(2, 3, 'literature'))
```

5. 获取游标的查询结果集

调用 cur.fetchall()、cur.fetchone()、cur.fetchmany()返回查询结果。

cur.fetchall()：返回结果集的剩余行(Row 对象列表)，无数据时，返回空 List。

cur.fetchone()：返回结果集的下一行(Row 对象)；无数据时，返回 None。

cur.fetchmany()：返回结果集的多行(Row 对象列表)，无数据时，返回空 List。

例如：

```
cur.execute("select * from catagory")
print(cur.fetchall())              #提取查询到的数据
```

返回结果如下：

```
[(1, 1, 'computer'), (2, 2, 'literature')]
```

如果使用 cur.fetchone()，则首先返回列表中的第一项，再次使用，返回第二项，依次进行。也可以直接使用循环输出结果，例如：

```
for row in cur.execute("select * from catagory"):
    print(row[0],row[1])
```

6. 数据库的提交和回滚

根据数据库事物隔离级别的不同，可以提交或回滚：

con.commit()：事务提交。

con.rollback()：事务回滚。

7. 关闭 Cursor 对象和 Connection 对象。

最后，需要关闭打开的 Cursor 对象和 Connection 对象。

cur.close()：关闭 Cursor 对象。

con.close()：关闭 Connection 对象。

10.3.2 创建数据库和表

【例10-1】 创建数据库 sales,并在其中创建表 book,表中包含 3 列,为 id、price 和 name,其中 id 为主键(primary key)。

```
# 导入 Python SQLite 数据库模块
import sqlite3
# 创建 SQLite 数据库
con = sqlite3.connect("E:\\sales.db")
# 创建表 book:包含 3 列,为 id(主键)、price 和 name
con.execute("create table book(id primary key,price,name)")
```

说明:connection 对象的 execute()方法是 Cursor 对象对应方法的快捷方式,系统会创建一个临时 Cursor 对象,然后调用对应的方法,并返回 Cursor 对象。

10.3.3 数据库的插入、更新和删除操作

在数据库表中插入、更新、删除记录的一般步骤为:
(1) 建立数据库连接;
(2) 创建游标对象 cur,使用 cur.execute(sql)执行 SQL 的 insert、update、delete 等语句完成数据库记录的插入、更新、删除操作,并根据返回值判断操作结果;
(3) 提交操作;
(4) 关闭数据库。

【例10-2】 数据库表记录的插入、更新和删除操作。

```
import sqlite3
books = [("021",25,"大学计算机"),("022",30,"大学英语"),
         ("023",18,"艺术欣赏"),("024",35,"高级语言程序设计")]
# 打开数据库
Con = sqlite3.connect("E:\\sales.db")
# 创建游标对象
Cur = Con.cursor()
# 插入一行数据
Cur.execute("insert into book(id,price,name) values ('001',33,'大学计算机多媒体')")
Cur.execute("insert into book(id,price,name) values (?,?,?) ",("002",28,"数据库基础"))
# 插入多行数据
Cur.executemany("insert into book(id,price,name) values (?,?,?) ",books)
# 修改一行数据
Cur.execute("update book set price = ? where name = ? ",(25,"大学英语"))
# 删除一行数据
n = Cur.execute("delete from book where price = ?",(25,))
print("删除了",n.rowcount,"行记录")
Con.commit()
Cur.close()
Con.close()
```

运行结果如下:

删除了 2 行记录

10.3.4 数据库表的查询操作

查询数据库的步骤为：
(1) 建立数据库连接；
(2) 创建游标对象 cur，使用 cur.execute(sql) 执行 SQL 的 select 语句；
(3) 循环输出结果。

【例 10-3】 数据库表的查询操作。

```python
import sqlite3
# 打开数据库，建立数据库连接
Con = sqlite3.connect("E:\\sales.db")
# 创建游标对象
Cur = Con.cursor()
# 查询数据库表
Cur.execute("select id,price,name from book")
for row in Cur:
    print(row)
```

运行结果如下：

```
('001', 33, '大学计算机多媒体')
('002', 28, '数据库基础')
('023', 18, '艺术欣赏 ')
('024', 35, '高级语言程序设计')
```

10.4 程序设计的步骤

视频讲解

10.4.1 生成试题库

```python
import sqlite3                          # 导入 SQLite 驱动
# 连接到 SQLite 数据库，数据库文件是 test2.db
# 如果文件不存在，会自动在当前目录创建：
conn = sqlite3.connect('test2.db')
cursor = conn.cursor()                  # //创建一个 Cursor
# cursor.execute("delete from exam")
# 执行一条 SQL 语句，创建 user 表
cursor.execute('CREATE TABLE [exam] ([question] VARCHAR(80) NULL,[Answer_A] VARCHAR(1) NULL,
[Answer_B] VARCHAR(1) NULL,[Answer_C] VARCHAR(1) NULL,[Answer_D] VARCHAR(1) NULL,[right_
Answer] VARCHAR(1) NULL)')
# 继续执行一条 SQL 语句，插入一条记录
cursor.execute("insert into exam (question, Answer_A, Answer_B, Answer_C, Answer_D, right_
Answer) values ('哈雷慧星的平均周期为', '54 年', '56 年', '73 年', '83 年', 'C')")
```

```
cursor.execute("insert into exam (question, Answer_A, Answer_B, Answer_C, Answer_D, right_
Answer) values ('夜郎自大中"夜郎"指的是现在哪个地方?', '贵州', '云南', '广西', '福建', 'A')")
cursor.execute("insert into exam (question, Answer_A, Answer_B, Answer_C, Answer_D, right_
Answer) values ('在中国历史上是谁发明了麻药', '孙思邈', '华佗', '张仲景', '扁鹊', 'B')")
cursor.execute("insert into exam (question, Answer_A, Answer_B, Answer_C, Answer_D, right_
Answer) values ('京剧中花旦是指', '年轻男子', '年轻女子', '年长男子', '年长女子', 'B')")
cursor.execute("insert into exam (question, Answer_A, Answer_B, Answer_C, Answer_D, right_
Answer) values ('篮球比赛每队几人?', '4', '5', '6', '7', 'B')")
cursor.execute("insert into exam (question, Answer_A, Answer_B, Answer_C, Answer_D, right_
Answer) values ('在天愿作比翼鸟,在地愿为连理枝.讲述的是谁的爱情故事?', '焦钟卿和刘兰芝',
'梁山伯与祝英台', '崔莺莺和张生', '杨贵妃和唐明皇', 'D')")
print(cursor.rowcount)  # 通过 rowcount 获得插入的行数
cursor.close()  # 关闭 Cursor
conn.commit()  # 提交事务
conn.close()  # 关闭 Connection
```

以上代码完成数据库 test2.db 的建立。下面实现智力问答测试程序功能。

10.4.2 读取试题信息

```
conn = sqlite3.connect('test2.db')
cursor = conn.cursor()
# 执行查询语句
cursor.execute('select * from exam')
# 获得查询结果集
values = cursor.fetchall()
cursor.close()
conn.close()
```

以上代码完成数据库 test2.db 信息的读取试题信息,并存储到 values 列表中。

10.4.3 界面和逻辑设计

callNext()实现判断用户选择的正误,若正确则加 10 分,若错误则不加分;同时判断用户是否做完,如果没做完则将下一题的题目信息显示到 timu 标签,而 4 个选项显示到 radio1~radio4 这 4 个单选按钮上。

```
import tkinter
from tkinter import *
from tkinter.messagebox import *
def callNext():
    global k
    global score
    useranswer = r.get()              # 获取用户的选择
    print (r.get())                   # 获取被选中单选按钮变量值
    if useranswer == values[k][5]:
        showinfo("恭喜","恭喜你对了!")
        score += 10
```

```
        else:
            showinfo("遗憾","遗憾你错了!")
        k = k + 1
        if k >= len(values):                    #判断用户是否做完
            showinfo("提示","题目做完了")
            return
        #显示下一题
        timu["text"] = values[k][0]             #题目信息
        radio1["text"] = values[k][1]           #A 选项
        radio2["text"] = values[k][2]           #B 选项
        radio3["text"] = values[k][3]           #C 选项
        radio4["text"] = values[k][4]           #D 选项
        r.set('E')

def callResult():
    showinfo("你的得分",str(score))
```

以下是界面布局的代码。

```
root = tkinter.Tk()
root.title('Python智力问答游戏')
root.geometry("500x200")
r = tkinter.StringVar()                        #创建StringVar对象
r.set('E')                                     #设置初始值为'E',初始没选中
k = 0
score = 0
timu = tkinter.Label(root,text = values[k][0]) #题目
timu.pack()
f1 = Frame(root)                               #创建第1个Frame组件
f1.pack()
radio1 = tkinter.Radiobutton(f1,variable = r,value = 'A',text = values[k][1])
radio1.pack()
radio2 = tkinter.Radiobutton(f1,variable = r,value = 'B',text = values[k][2])
radio2.pack()
radio3 = tkinter.Radiobutton(f1,variable = r,value = 'C',text = values[k][3])
radio3.pack()
radio4 = tkinter.Radiobutton(f1,variable = r,value = 'D',text = values[k][4])
radio4.pack()
f2 = Frame(root)                               #创建第2个Frame组件
f2.pack()
Button(f2,text = '下一题',command = callNext).pack(side = LEFT)
Button(f2,text = '结 果',command = callResult).pack(side = LEFT)
root.mainloop()
```

10.5 数据库使用拓展实例——学生通讯录

设计一个学生通讯录,可以添加、删除、修改里面的信息。

```python
import sqlite3
# 打开数据库
def opendb():
    conn = sqlite3.connect("mydb.db")
    cur = conn.execute("create table if not exists tongxinlu(usernum integer primary key,username varchar(128), passworld varchar(128), address varchar(125), telnum varchar(128))")
    return cur, conn
# 查询全部信息
def showalldb():
    print("------------------ 处理后的数据 ------------------")
    hel = opendb()
    cur = hel[1].cursor()
    cur.execute("select * from tongxinlu")
    res = cur.fetchall()
    for line in res:
        for h in line:
            print(h),
        print
    cur.close()
# 输入信息
def into():
    usernum = input("请输入学号:")
    username1 = input("请输入姓名:")
    passworld1 = input("请输入密码:")
    address1 = input("请输入地址:")
    telnum1 = input("请输入联系电话:")
    return usernum,username1, passworld1, address1, telnum1
# 往数据库中添加内容
def adddb():
    welcome = """------------------ 欢迎使用添加数据功能 ------------------"""
    print(welcome)
    person = into()
    hel = opendb()
    hel[1].execute("insert into tongxinlu(usernum,username, passworld, address, telnum) values (?,?,?,?,?)",(person[0], person[1], person[2], person[3],person[4]))
    hel[1].commit()
    print ("------------------ 恭喜你,数据添加成功 ------------------")
    showalldb()
    hel[1].close()
# 删除数据库中的内容
def deldb():
    welcome = "------------------ 欢迎使用删除数据库功能 ------------------"
    print(welcome)
    delchoice = input("请输入想要删除的学号:")
    hel = opendb()              # 返回游标 conn
    hel[1].execute("delete from tongxinlu where usernum = " + delchoice)
    hel[1].commit()
    print ("------------------ 恭喜你,数据删除成功 ------------------")
```

```python
            showalldb()
            hel[1].close()
# 修改数据库的内容
def alter():
            welcome = "------------------ 欢迎使用修改数据库功能 ------------------"
            print(welcome)
            changechoice = input("请输入想要修改的学生的学号:")
            hel = opendb()
            person = into()
            hel[1].execute("update tongxinlu set usernum = ?,username = ?, passworld = ?,address = ?,telnum = ? where usernum = " + changechoice,(person[0], person[1], person[2], person[3],person[4]))
            hel[1].commit()
            showalldb()
            hel[1].close()
# 查询数据
def searchdb():
            welcome = "------------------ 欢迎使用查询数据库功能 ------------------"
            print(welcome)
            choice = input("请输入要查询的学生的学号:")
            hel = opendb()
            cur = hel[1].cursor()
            cur.execute("select * from tongxinlu where usernum = " + choice)
            hel[1].commit()
            print("---------------- 恭喜你,你要查找的数据如下 --------------------")
            for row in cur:
                    print(row[0],row[1],row[2],row[3],row[4])
            cur.close()
            hel[1].close()
# 是否继续
def conti():
            choice = input("是否继续?(y or n):")
            if choice == 'y':
                    a = 1
            else:
                    a = 0
            return a
if __name__ == "__main__":
            flag = 1
            while flag:
                    welcome = "---------- 欢迎使用数据库通讯录 ----------"
                    print(welcome)
                    choiceshow = """
                        请选择您的进一步选择:
                        (添加)往通讯录数据库里面添加内容
                        (删除)删除通讯录中内容
                        (修改)修改通讯录的内容
                        (查询)查询通讯录的内容
                        选择您想要进行的操作:
```

```
            """
            choice = input(choiceshow)
            if choice == "添加":
                    adddb()
                    flag = conti()
            elif choice == "删除":
                    deldb()
                    flag = conti()
            elif choice == "修改":
                    alter()
                    flag = conti()
            elif choice == "查询":
                    searchdb()
                    flag = conti()
            else:
                    print("你输入错误,请重新输入")
```

程序运行界面及添加记录界面如图 10-2 所示。

图 10-2　程序运行界面

掌握以上技术后,请读者思考多选题智力问答测试的实现。

第 11 章

视频讲解

网络编程案例——基于TCP在线聊天程序

11.1 基于 TCP 在线聊天程序简介

本章基于 TCP 实现一个在线聊天程序，主要功能是实现客户端与服务器端的双向通信。运行效果如图 11-1 所示。

图 11-1 在线聊天的客户端与服务器端运行效果

11.2 程序设计的思路

本系统需要分别设计客户端与服务器端。服务器端需要先运行，建立 Socket 并绑定 5505 端口后，循环接收客户端的连接请求。当服务器与客户端连接建立后，如果收到客户端发送字符 Y，服务器端收到后会返回一个字符 Y 信息，表明连接建立成功。连接建立成功后即可以不断接收客户端发来的聊天信息。

客户端建立 Socket 后,向服务器发送字符 Y,表示客户端要连接服务器。服务器端收到后会返回一个字符 Y 信息,表明连接建立成功。连接建立成功后即可以不断接收服务器发来的聊天信息。

11.3 关键技术

11.3.1 互联网 TCP/IP

计算机为了联网,就必须规定通信协议。早期的计算机网络都是由各厂商自己规定一套协议,IBM、Apple 和 Microsoft 公司都有各自的网络协议,互不兼容,这就好比一群人有的说英语,有的说中文,有的说德语,说同一种语言的人可以交流,不同的语言之间就不行了。

为了把全世界所有不同类型的计算机都连接起来,就必须规定一套全球通用的协议,为了实现互联网这个目标,国际标准化组织制定了 OSI 七层模型互联网协议标准,如图 11-2 所示。互联网协议虽然包含了上百种协议标准,但是最重要的两个协议是 TCP 和 IP,所以,大家把互联网的协议简称 TCP/IP。

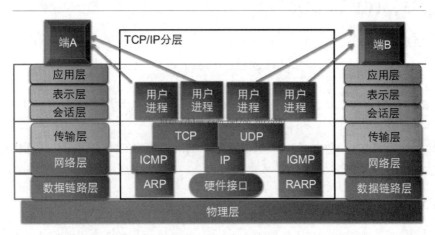

图 11-2　互联网协议

11.3.2 IP 和端口

1. IP

通信的时候,双方必须知道对方的标识,好比发邮件必须知道对方的邮件地址。互联网上每台计算机的唯一标识就是 IP 地址,类似 202.196.32.7。如果一台计算机同时接入两个或更多的网络,比如路由器,它就会有两个或多个 IP 地址,所以,IP 地址对应的实际上是计算机的网络接口,通常是网卡。

IP 负责把数据从一台计算机通过网络发送到另一台计算机。数据被分割成一小块一小块的,然后通过 IP 包发送出去。由于互联网链路复杂,两台计算机之间经常有多条线路,因此,路由器就负责决定如何把一个 IP 包转发出去。IP 包的特点是按块发送,途经多个路由,但不保证能到达,也不保证顺序到达。

IP 地址实际上是一个 32 位整数(称为 IPv4)。以字符表示的 IP 地址如 192.168.0.1 实际上是把 32 位整数按 8 位分组后的数字表示,目的是便于阅读。

IPv6 地址实际上是一个 128 位整数,它是目前使用的 IPv4 的升级版,以字符表示,类似于 2001:0db8:85a3:0042:1000:8a2e:0370:7334。

2. 端口

一个 IP 包除了包含要传输的数据外,还包含源 IP 地址和目标 IP 地址、源端口和目标端口。

端口有什么作用?在两台计算机通信时,只发送 IP 地址是不够的,因为同一台计算机上运行着多个网络程序(例如浏览器、QQ 等网络程序)。一个 IP 包来了之后,到底是交给浏览器还是 QQ,就需要端口号来区分。每个网络程序都向操作系统申请唯一的端口号,这样,两个进程在两台计算机之间建立网络连接就需要各自的 IP 地址和各自的端口号。例如,浏览器常常使用 80 端口,FTP 程序使用 21 端口,邮件收发使用 25 端口。

网络上两台计算机之间的数据通信,归根到底就是不同主机的进程交互,而每个主机的进程都对应着某个端口。也就是说,单独靠 IP 地址是无法完成通信的,必须要有 IP 和端口。

11.3.3　TCP 和 UDP

TCP 则是建立在 IP 之上的。TCP 负责在两台计算机之间建立可靠连接,保证数据包按顺序到达。TCP 会通过握手建立连接,然后,对每个 IP 包编号,确保对方按顺序收到,如果包丢了,就自动重发。

许多常用的更高级的协议都是建立在 TCP 基础上的,比如用于浏览器的 HTTP、发送邮件的 SMTP 等。

UDP 同样是建立在 IP 之上,但是 UDP 是面向无连接的通信协议,不保证数据包的顺利到达,传输不可靠,效率比 TCP 要高。

11.3.4　Socket

视频讲解

Socket 是网络编程的一个抽象概念。Socket 是套接字的英文名称,主要是用于网络通信编程。20 世纪 80 年代初,美国政府的高级研究工程机构(ARPA)给加利福尼亚大学伯克利分校提供了资金,让他们在 UNIX 操作系统下实现 TCP/IP。在这个项目中,研究人员为 TCP/IP 网络通信开发了一个 API (应用程序接口)。这个 API 称为 Socket(套接字)。Socket 是 TCP/IP 网络最为通用的 API。任何网络通信都是通过 Socket 来完成的。

通常用一个 Socket 表示"打开了一个网络连接",而打开一个 Socket 需要知道目标计算机的 IP 地址和端口号,再指定协议类型即可。

套接字构造函数为 socket(family,type[,protocal]),它使用给定的套接字家族、套接字类型、协议编号来创建套接字。

参数:

family:套接字家族,可以是 AF_UNIX 或者 AF_INET、AF_INET6。

type：套接字类型，根据是面向连接的还是非连接的分为流式 SOCK_STREAM（针对 TCP）或数据报式 SOCK_DGRAM（针对 UDP）

protocol：一般不填，默认为 0。

例如，创建 TCP Socket：

```
s = socket.socket(socket.AF_INET,socket.SOCK_STREAM)
```

创建 UDP Socket：

```
s = socket.socket(socket.AF_INET,socket.SOCK_DGRAM)
```

Socket 同时支持数据流 Socket 和数据报 Socket。图 11-3 是面向连接支持数据流 TCP 的时序图。

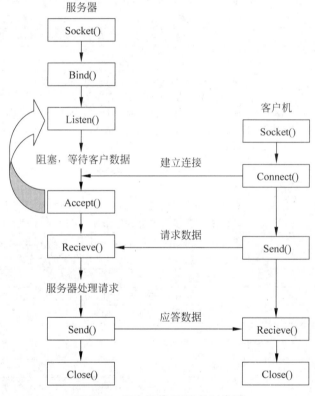

图 11-3 面向连接 TCP 的时序图

由图 11-3 可以看出，客户机（client）与服务器（server）的关系是不对称的。

对于 TCP C/S，服务器首先启动，然后在某一时刻启动客户机与服务器建立连接。服务器与客户机开始都必须调用 Socket()建立一个套接字 Socket，然后服务器调用 Bind()将套接字与一个本机指定端口绑定在一起，再调用 Listen()使套接字处于一种被动的准备接收状态，这时客户机建立套接字便可通过调用 Connect()和服务器建立连接。服务器就可以调用 Accept()来接收客户机连接。然后继续侦听指定端口，并发出阻塞，直到下一个请求出现，从而实现多个客户机连接。连接建立之后，客户机和服务器之间就可以通过连接发送和接收数据。最后,待数据传送结束,双方调用 Close()关闭套接字。

在 Python 的 Socket 模块中,Socket 对象提供函数方法如表 11-1 所示。

表 11-1 Socket 对象函数方法

函　数	描　述
服务器端套接字	
s.bind(host,port)	绑定地址(host,port)到套接字,在 AF_INET 下以元组(host,port)的形式表示地址
s.listen(backlog)	开始 TCP 监听。backlog 指定在拒绝连接之前,可以接收的最大连接数量。该值至少为 1,大部分应用程序设为 5 即可
s.accept()	被动接收 TCP 客户端连接,(阻塞式)等待连接的到来
客户端套接字	
s.connect(address)	主动与 TCP 服务器连接。一般地,address 的格式为元组(hostname,port),如果连接出错,则返回 socket.error 错误
s.connect_ex()	connect()函数的扩展版本,出错时返回出错码,而不是抛出异常
公共用途的套接字函数	
s.recv(bufsize,[,flag])	接收 TCP 数据,数据以字节串形式返回。其中,bufsize 指定要接收的最大数据量;flag 提供有关消息的其他信息,通常可以忽略
s.send(data)	发送 TCP 数据,将 data 中的数据发送到连接的套接字。返回值是要发送的字节数量,该数量可能小于 data 的字节大小
s.sendall(data)	完整发送 TCP 数据。将 data 中的数据发送到连接的套接字,但在返回之前会尝试发送所有数据。若成功则返回 None,若失败则抛出异常
s.recvform(bufsize,[,flag])	接收 UDP 数据,与 recv()类似,但返回值是(data,address)。其中,data 是包含接收数据的字节串,address 是发送数据的套接字地址
s.sendto(data,address)	发送 UDP 数据,将数据发送到套接字,address 是形式为(ip-port)的元组,指定远程地址。返回值是发送的字节数
s.close()	关闭套接字
s.getpeername()	返回连接套接字的远程地址。返回值通常是元组(ipaddr,port)
s.getsockname()	返回套接字自己的地址。通常是一个元组(ipaddr,port)
s.setsockopt(level,optname,value)	设置给定套接字选项的值
s.getsockopt(level,optname)	返回套接字选项的值
s.settimeout(timeout)	设置套接字操作的超时时间。timeout 是一个浮点数,单位是秒。值为 None 表示没有超时时间。一般地,超时时间应该在刚创建套接字时设置,因为它们可能用于连接的操作(如 connect())
s.gettimeout()	返回当前超时时间的值,单位是秒,如果没有设置超时期,则返回 None
s.fileno()	返回套接字的文件描述符
s.setblocking(flag)	如果 flag 为 0,则将套接字设为非阻塞模式,否则将套接字设为阻塞模式(默认值)。非阻塞模式下,如果调用 recv()没有发现任何数据,或 send()调用无法立即发送数据,那么将引起 socket.error 异常
s.makefile()	创建一个与该套接字相关联的文件

了解了 TCP/IP、IP 地址、端口的概念和 Socket 后,就可以开始进行网络编程了。

【例 11-1】 编写一个简单的 TCP 服务器程序,它接收客户端连接,把客户端发过来的字符串加上 Hello 再发回去。

完整的 TCP 服务器端程序如下:

```python
import socket                          #导入 socket 模块
import threading                       #导入 threading 线程模块
def tcplink(sock, addr):
    print('接收一个来自%s:%s 连接请求' % addr)
    sock.send(b'Welcome!')             #发给客户端、Welcome!、信息
    while True:
        data = sock.recv(1024)         #接收客户端发来的信息
        time.sleep(1)                  #延时 1 秒
        if not data or data.decode('utf-8') == 'exit':    #如果没数据或收到'exit'信息
            break                      #终止循环
        sock.send(('Hello, %s!' % data.decode('utf-8')).encode('utf-8'))
                                       #收到信息加上'Hello'发回
    sock.close()                       #关闭连接
    print('来自%s:%s 连接关闭了.' % addr)
s = socket.socket(socket.AF_INET, socket.SOCK_STREAM)
s.bind(('127.0.0.1', 8888))            #监听本机 8888 端口
s.listen(5)                            #连接的最大数量为 5
print('等待客户端连接...')
while True:
    sock, addr = s.accept()            #接收一个新连接
    #创建新线程来处理 TCP 连接
    t = threading.Thread(target=tcplink, args=(sock, addr))
    t.start()
```

程序中首先创建一个基于 IPv4 和 TCP 的 Socket:

```python
s = socket.socket(socket.AF_INET, socket.SOCK_STREAM)
```

然后要绑定监听的地址和端口。服务器可能有多块网卡,可以绑定到某一块网卡的 IP 地址上,也可以用 0.0.0.0 绑定到所有的网络地址,还可以用 127.0.0.1 绑定到本机地址。127.0.0.1 是一个特殊的 IP 地址,表示本机地址,如果绑定到这个地址,客户端必须同时在本机运行才能连接,也就是说,外部的计算机无法连接进来。

端口号需要预先指定。因为这里写的这个服务不是标准服务,所以用 8888 这个端口号。请注意,小于 1024 的端口号必须要有管理员权限才能绑定。

```python
#监听本机 8888 端口
s.bind(('127.0.0.1', 8888))
```

紧接着,调用 listen()方法开始监听端口,传入的参数指定等待连接的最大数量为 5:

```python
s.listen(5)
print('等待客户端连接...')
```

接下来,服务器程序通过一个无限循环来接收来自客户端的连接,accept()会等待并返回一个客户端的连接。

```python
while True:
    #接收一个新连接:
    sock, addr = s.accept()
    #sock 是新建的 socket 对象,服务器通过它与对应客户端通信,addr 是 IP 地址
    #创建新线程来处理 TCP 连接
    t = threading.Thread(target = tcplink, args = (sock, addr))
    t.start()
```

每个连接都必须创建新线程(或进程)来处理,否则,单线程在处理连接的过程中,无法接收其他客户端的连接:

```python
def tcplink(sock, addr):
    print('接收一个来自%s:%s 连接请求' % addr)
    sock.send(b'Welcome!')                      #发给客户端'Welcome!'信息
    while True:
        data = sock.recv(1024)                  #接收客户端发来的信息
        time.sleep(1)                           #延时 1 秒
        if not data or data.decode('utf-8') == 'exit':   #如果没数据或收到'exit'信息
            break                               #终止循环
        sock.send(('Hello, %s!' % data.decode('utf-8')).encode('utf-8'))
                                                #收到信息加上'Hello'发回
    sock.close()                                #关闭连接
    print('来自 %s:%s 连接关闭了.' % addr)
```

连接建立后,服务器首先发一条欢迎消息,然后等待客户端数据,并加上'Hello'再发送给客户端。如果客户端发送了 exit 字符串,就直接关闭连接。

要测试这个服务器程序,还需要编写一个客户端程序:

```python
import socket                                   #导入 socket 模块
s = socket.socket(socket.AF_INET, socket.SOCK_STREAM)
s.connect(('127.0.0.1', 8888))                  #建立连接
#打印接收到的欢迎消息:
print(s.recv(1024).decode('utf-8'))
for data in [b'Michael', b'Tracy', b'Sarah']:
    s.send(data)                                #客户端程序发送人名数据给服务器端
    print(s.recv(1024).decode('utf-8'))
s.send(b'exit')
s.close()
```

需要打开两个命令行窗口,一个运行服务器端程序,另一个运行客户端程序,就可以看到运行效果如图 11-4 和图 11-5 所示。

需要注意的是,客户端程序运行完毕就退出了,而服务器程序会永远运行下去,必须按 Ctrl+C 组合键退出程序。

可见,用 TCP 进行 Socket 编程在 Python 中十分简单。对于客户端,要主动连接服务器的 IP 和指定端口;对于服务器,要首先监听指定端口,然后,对每一个新的连接,创建一

图 11-4 服务器程序运行效果

图 11-5 客户端程序运行效果

个线程或进程来处理。通常，服务器程序会无限运行下去。还需注意，同一个端口被一个 Socket 绑定了以后，就不能被别的 Socket 绑定了。

11.3.5 多线程编程

线程是操作系统可以调度的最小执行单位，能够执行并发处理。通常是将程序拆分成两个或多个并发运行的线程，即同时执行多个操作。例如，使用线程同时监视用户并发输入，并执行后台任务等。

threading 模块提供了 Thread 类来创建和处理线程，格式如下：

> 线程对象 = threading.Thread(target = 线程函数, args = (参数列表), name = 线程名, group = 线程组)

其中，第一个参数是函数名，第二个参数 args 是一个元组，线程名和线程组都可以省略。

Thread 类还提供了以下方法：

- run()：用以表示线程活动的方法。
- start()：启动线程活动。
- join([time])：可以阻塞进程直到线程执行完毕。参数 time 指定超时时间（单位为秒），超过指定时间 join 就不再阻塞进程了。
- isAlive()：返回线程是否是活动的。
- getName()：返回线程名。
- setName()：设置线程名。

threading 模块提供的其他方法：

- threading.currentThread()：返回当前的线程变量。
- threading.enumerate()：返回一个包含正在运行的线程的 list。正在运行指线程启动后、结束前，不包括启动前和终止后的线程。

- threading.activeCount()：返回正在运行的线程数量，与 len(threading.enumerate())有相同的结果。

【例 11-2】 编写自己的线程类 myThread 来创建线程对象。

分析：自己的线程类直接从 threading.Thread 类继承，然后重写__init__()方法和 run()方法就可以来创建线程对象了。

```python
import threading
import time
exitFlag = 0
class myThread (threading.Thread):  #继承父类 threading.Thread
    def __init__(self, threadID, name, counter):
        threading.Thread.__init__(self)
        self.threadID = threadID
        self.name = name
        self.counter = counter
    def run(self):  #把要执行的代码写到 run()函数里面,线程在创建后会直接运行 run()函数
        print ("Starting " + self.name)
        print_time(self.name, self.counter, 5)
        print ("Exiting " + self.name)

def print_time(threadName, delay, counter):
    while counter:
        if exitFlag:
            thread.exit()
        time.sleep(delay)
        print ("%s: %s" % (threadName, time.ctime(time.time())))
        counter -= 1

#创建新线程
thread1 = myThread(1, "Thread-1", 1)
thread2 = myThread(2, "Thread-2", 2)
#开启线程
thread1.start()
thread2.start()
print ("Exiting Main Thread")
```

以上程序执行结果如下：

```
Starting Thread-1 Exiting Main Thread Starting Thread-2
Thread-1: Tue Aug 2 10:19:01 2019
Thread-2: Tue Aug 2 10:19:02 2019
Thread-1: Tue Aug 2 10:19:02 2019
Thread-1: Tue Aug 2 10:19:03 2019
Thread-2: Tue Aug 2 10:19:04 2019
Thread-1: Tue Aug 2 10:19:04 2019
Thread-1: Tue Aug 2 10:19:05 2019
Exiting Thread-1
Thread-2: Tue Aug 2 10:19:06 2019
Thread-2: Tue Aug 2 10:19:08 2019
Thread-2: Tue Aug 2 10:19:10 2019
Exiting Thread-2
```

11.4 在线聊天程序设计的步骤

11.4.1 在线聊天程序服务器端

在服务器端,设计 ServerUI 类,封装接收消息函数方法 receiveMessage(self)、发送消息 sendMessage(self)以及在构造函数中完成 Tkinter 界面布局。

服务器端建立 Socket 并绑定 5505 端口后,循环接收客户端的连接请求。当服务器与客户端 Socket 连接建立后,如果收到客户端发送的字符 Y,服务器端会返回一个字符 Y 信息,则表明连接建立成功。连接建立成功后即可不断接收客户端发来的聊天信息。

下面是服务器端代码:

```python
#Filename:ServerUI.py
#Python 在线聊天服务器端
import tkinter
import tkinter.font as tkFont
import socket
import threading
import time,tsys
class ServerUI():
    local = '127.0.0.1'
    port = 5505
    global serverSock;
    flag = False
    #初始化类的相关属性的构造函数
    def __init__(self):
        self.root = tkinter.Tk()
        self.root.title('Python 在线聊天 - 服务器端 V1.0')
        #窗口面板,用 4 个 frame 面板布局
        self.frame = [tkinter.Frame(),tkinter.Frame(),tkinter.Frame(),tkinter.Frame()]
        #显示消息 Text 右边的滚动条
        self.chatTextScrollBar = tkinter.Scrollbar(self.frame[0])
        self.chatTextScrollBar.pack(side = tkinter.RIGHT,fill = tkinter.Y)
        #显示消息 Text,并绑定上面的滚动条
        ft = tkFont.Font(family = 'Fixdsys',size = 11)
        self.chatText = tkinter.Listbox(self.frame[0],width = 70,height = 18,font = ft)
        self.chatText['yscrollcommand'] = self.chatTextScrollBar.set
        self.chatText.pack(expand = 1,fill = tkinter.BOTH)
        self.chatTextScrollBar['command'] = self.chatText.yview()
        self.frame[0].pack(expand = 1,fill = tkinter.BOTH)
        #标签,分开消息显示 Text 和消息输入 Text
        label = tkinter.Label(self.frame[1],height = 2)
        label.pack(fill = tkinter.BOTH)
        self.frame[1].pack(expand = 1,fill = tkinter.BOTH)
        #输入消息 Text 的滚动条
        self.inputTextScrollBar = tkinter.Scrollbar(self.frame[2])
```

```python
            self.inputTextScrollBar.pack(side = tkinter.RIGHT, fill = tkinter.Y)

            #输入消息 Text,并与滚动条绑定
            ft = tkFont.Font(family = 'Fixdsys', size = 11)
            self.inputText = tkinter.Text(self.frame[2], width = 70, height = 8, font = ft)
            self.inputText['yscrollcommand'] = self.inputTextScrollBar.set
            self.inputText.pack(expand = 1, fill = tkinter.BOTH)
            self.inputTextScrollBar['command'] = self.chatText.yview()
            self.frame[2].pack(expand = 1, fill = tkinter.BOTH)

            #"发送"按钮
            self.sendButton = tkinter.Button(self.frame[3], text = ' 发 送 ', width = 10,
                                                        command = self.sendMessage)
            self.sendButton.pack(expand = 1, side = tkinter.BOTTOM and tkinter.RIGHT, padx = 25,
pady = 5)
            #"关闭"按钮
            self.closeButton = tkinter.Button(self.frame[3], text = ' 关 闭 ', width = 10, command =
self.close)
            self.closeButton.pack(expand = 1, side = tkinter.RIGHT, padx = 25, pady = 5)
            self.frame[3].pack(expand = 1, fill = tkinter.BOTH)

    #接收消息
    def receiveMessage(self):
        #建立 Socket 连接
        self.serverSock = socket.socket(socket.AF_INET, socket.SOCK_STREAM)
        self.serverSock.bind((self.local, self.port))
        self.serverSock.listen(15)
        self.buffer = 1024
        self.chatText.insert(tkinter.END, '服务器已经就绪……')
        #循环接收客户端的连接请求
        while True:
            self.connection, self.address = self.serverSock.accept()
            self.flag = True
            while True:
                #接收客户端发送的消息
                self.cientMsg = self.connection.recv(self.buffer).decode('utf-8')
                if not self.cientMsg:
                    continue
                elif self.cientMsg == 'Y':
                    self.chatText.insert(tkinter.END, '服务器端已经与客户端建立连接……')
                    self.connection.send(b'Y')
                elif self.cientMsg == 'N':
                    self.chatText.insert(tkinter.END, '服务器端与客户端建立连接失败……')
                    self.connection.send(b'N')
                else:
                    theTime = time.strftime("%Y-%m-%d %H:%M:%S", time.localtime())
                    self.chatText.insert(tkinter.END, '客户端' + theTime + '说:\n')
                    self.chatText.insert(tkinter.END, ' ' + self.cientMsg)

    #发送消息
```

```python
def sendMessage(self):
    #得到用户在Text中输入的消息
    message = self.inputText.get('1.0',tkinter.END)
    #格式化当前的时间
    theTime = time.strftime("%Y-%m-%d %H:%M:%S", time.localtime())
    self.chatText.insert(tkinter.END, '服务器' + theTime + '说:\n')
    self.chatText.insert(tkinter.END,' ' + message + '\n')
    if self.flag == True:
        #将消息发送到客户端
        self.connection.send(message.encode())
    else:
        #Socket连接没有建立,提示用户
        self.chatText.insert(tkinter.END,'您还未与客户端建立连接,客户端无法收到您的消息\n')
    #清空用户在Text中输入的消息
    self.inputText.delete(0.0,message.__len__()-1.0)

#关闭消息窗口并退出
def close(self):
    sys.exit()

#启动线程接收客户端的消息
def startNewThread(self):
    #启动一个新线程来接收客户端的消息
    #args是传递给线程函数的参数,receiveMessage()函数不需要参数,就传一个空元组
    thread = threading.Thread(target = self.receiveMessage,args = ())
    thread.setDaemon(True);
    thread.start();

def main():
    server = ServerUI()
    server.startNewThread()
    server.root.mainloop()
if __name__ == '__main__':
    main()
```

11.4.2 在线聊天程序客户端

在客户端,设计 ClientUI 类,封装接收消息函数方法 receiveMessage(self)、发送消息 sendMessage(self)以及在构造函数中完成 Tkinter 界面布局。

客户端建立 Socket 后,向服务器发送字符 Y,表示客户端要连接服务器。服务器端收到后会返回一个字符 Y 信息,表明连接建立成功。连接建立成功后即可以不断接收服务器发来的聊天信息。

下面是客户端代码:

```
#Filename:ClientUI.py
#Python在线聊天客户端
```

```python
import tkinter
import tkinter.font as tkFont
import socket
import threading
import time,tsys
class ClientUI():
    local = '127.0.0.1'
    port = 5505
    global clientSock;
    flag = False
    #初始化类的相关属性的构造函数
    def __init__(self):
        self.root = tkinter.Tk()
        self.root.title('Python 在线聊天 - 客户端 V1.0')
        #窗口面板,用4个面板布局
        self.frame = [tkinter.Frame(),tkinter.Frame(),tkinter.Frame(),tkinter.Frame()]
        #以下界面设计与服务器端相同
        #显示消息 Text 右边的滚动条
        self.chatTextScrollBar = tkinter.Scrollbar(self.frame[0])
        self.chatTextScrollBar.pack(side = tkinter.RIGHT,fill = tkinter.Y)
        #显示消息 Text,并绑定上面的滚动条
        ft = tkFont.Font(family = 'Fixdsys',size = 11)
        self.chatText = tkinter.Listbox(self.frame[0],width = 70,height = 18,font = ft)
        self.chatText['yscrollcommand'] = self.chatTextScrollBar.set
        self.chatText.pack(expand = 1,fill = tkinter.BOTH)
        self.chatTextScrollBar['command'] = self.chatText.yview()
        self.frame[0].pack(expand = 1,fill = tkinter.BOTH)

        #标签,分开消息显示 Text 和消息输入 Text
        label = tkinter.Label(self.frame[1],height = 2)
        label.pack(fill = tkinter.BOTH)
        self.frame[1].pack(expand = 1,fill = tkinter.BOTH)

        #输入消息 Text 的滚动条
        self.inputTextScrollBar = tkinter.Scrollbar(self.frame[2])
        self.inputTextScrollBar.pack(side = tkinter.RIGHT,fill = tkinter.Y)
        #输入消息 Text,并与滚动条绑定
        ft = tkFont.Font(family = 'Fixdsys',size = 11)
        self.inputText = tkinter.Text(self.frame[2],width = 70,height = 8,font = ft)
        self.inputText['yscrollcommand'] = self.inputTextScrollBar.set
        self.inputText.pack(expand = 1,fill = tkinter.BOTH)
        self.inputTextScrollBar['command'] = self.chatText.yview()
        self.frame[2].pack(expand = 1,fill = tkinter.BOTH)

        #"发送"按钮
        self.sendButton = tkinter.Button(self.frame[3],text = '发送',
                                         width = 10,command = self.sendMessage)
        self.sendButton.pack(expand = 1,side = tkinter.BOTTOM and tkinter.RIGHT,padx = 15,
pady = 8)
```

```python
        #"关闭"按钮
        self.closeButton = tkinter.Button(self.frame[3],text = '关 闭',width = 10,command = self.close)
        self.closeButton.pack(expand = 1,side = tkinter.RIGHT,padx = 15,pady = 8)
        self.frame[3].pack(expand = 1,fill = tkinter.BOTH)

    #接收消息
    def receiveMessage(self):
        try:
            #建立 Socket 连接
            self.clientSock = socket.socket(socket.AF_INET,socket.SOCK_STREAM)
            self.clientSock.connect((self.local, self.port))
            self.flag = True
        except:
            self.flag = False
            self.chatText.insert(tkinter.END,'您还未与服务器端建立连接,请检查服务器是否启动')
            return
        self.buffer = 1024
        self.clientSock.send('Y'.encode())    #向服务器发送字符 Y,表示客户端要连接服务器
        while True:
            try:
                if self.flag == True:
                    #连接建立,接收服务器端消息
                    self.serverMsg = self.clientSock.recv(self.buffer).decode('utf-8')
                    if self.serverMsg == 'Y':
                        self.chatText.insert(tkinter.END,'客户端已经与服务器端建立连接……')
                    elif self.serverMsg == 'N':
                        self.chatText.insert(tkinter.END,'客户端与服务器端建立连接失败……')
                    elif not self.serverMsg:
                        continue
                    else:
                        theTime = time.strftime("%Y-%m-%d %H:%M:%S", time.localtime())
                        self.chatText.insert(tkinter.END, '服务器端 ' + theTime + '说:\n')
                        self.chatText.insert(tkinter.END, ' ' + self.serverMsg)
                else:
                    break
            except EOFError as msg:
                raise msg
                self.clientSock.close()
                break

    #发送消息
    def sendMessage(self):
        #得到用户在 Text 中输入的消息
        message = self.inputText.get('1.0',tkinter.END)
        #格式化当前的时间
        theTime = time.strftime("%Y-%m-%d %H:%M:%S", time.localtime())
        self.chatText.insert(tkinter.END, '客户端器 ' + theTime + '说:\n')
        self.chatText.insert(tkinter.END,' ' + message + '\n')
```

```python
            if self.flag == True:
                self.clientSock.send(message.encode());        #将消息发送到服务器端
            else:
                #Socket 连接没有建立,提示用户
                self.chatText.insert(tkinter.END,'您还未与服务器端建立连接,服务器无法收到您的消息\n')
            #清空用户在 Text 中输入的消息
            self.inputText.delete(0.0,message.__len__()-1.0)

    #关闭消息窗口并退出
    def close(self):
        sys.exit()

    #启动线程接收服务器端的消息
    def startNewThread(self):
        #启动一个新线程来接收服务器端的消息
        #args 是传递给线程函数的参数,receiveMessage()函数不需要参数,就传一个空元组
        thread = threading.Thread(target = self.receiveMessage,args = ())
        thread.setDaemon(True);
        thread.start();

def main():
    client = ClientUI()
    client.startNewThread()                                    #启动线程接收服务器端的消息
    client.root.mainloop()
if __name__ == '__main__':
    main()
```

掌握以上技术后,请读者思考基于 TCP 在线点对点文件传输程序的实现。

第12章 爬虫应用——抓取百度图片

视频讲解

12.1 程序功能介绍

使用网络爬虫技术爬取百度图片某主题的相关图片，并且能按某一关键字搜索图片并下载到本地指定的文件夹中。本程序主要完成下载功能，不需要设计图形化界面。运行时出现如下提示：

```
"Please input you want search:"
```

让用户输入关键词，例如输入“夏敏捷”，然后按 Enter 键，则看到如图 12-1 所示的效果。

```
======= RESTART: I:\（第14本） Python轻松学项目案例开发 （Python课程设计案例）\百度图片下载00.py =======
Please input you want search: 夏敏捷
Current page:0***********************************
开始下载:http://img14.360buyimg.com/n0/jfs/t1273/309/228568970/10584/3d71a1e0/550b853bN692a3537.jpg
开始下载:http://img13.360buyimg.com/n0/jfs/t586/241/26929280/71476/2c65610c/54484fe6Nb33010bd.jpg
开始下载:http://img002.21cnimg.com/photos/album/20160511/m600/5C2557BC2AEC044F4324EAEEBCAF018C.jpeg
开始下载:http://img3x2.ddimg.cn/10/9/1293525892-1_u_2.jpg
开始下载:http://imgs.soufun.com/news/2014_08/01/news/1406859161065_000.jpg
开始下载:http://g-ec4.images-amazon.com/images/G/28/BOOK-Catalog/shfz/20101117/B0040IF6VQ_01_amzn.jpg
开始下载:http://imgs.soufun.com/news/2013_09/30/news/1380523396671_000.jpg
开始下载:http://img3m1.ddimg.cn/39/22/1067418831-1_u_1.jpg
开始下载:http://qnimg.zowoyoo.com/img/280179/1493550929586.jpg
开始下载:http://img1.gtimg.com/house_guangzhou/pics/hv1/75/165/1475/95954025.jpg
```

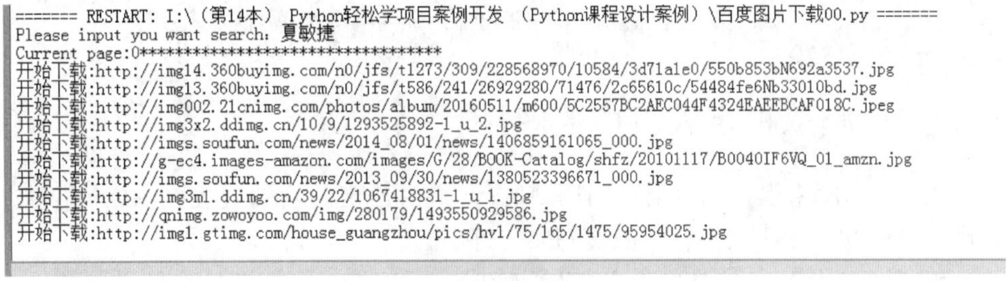

图 12-1 爬取百度图片运行效果示意图

从图 12-1 可以看到开始下载图片了。

12.2 程序设计的思路

一般来说，制作一个爬虫需要分以下几个步骤：

(1) 分析需求，这里的需求就是爬取网页图片。

(2) 分析网页源代码和网页结构,配合 F12 键查看网页源代码。

(3) 编写正则表达式或者 XPath 表达式。

(4) 正式编写 Python 爬虫代码。

本章按照该步骤来实现按关键词爬取百度图片。

12.3 关键技术

12.3.1 图片文件下载到本地

1. 使用 request.urlretrieve()函数

要把对应图片文件下载到本地,可以使用 urlretrieve()函数。

【例 12-1】 图片文件下载到本地示例程序。

```
from urllib import request
request.urlretrieve("https://www.zut.edu.cn/images/xwgk.jpg","zut_campus.jpg")
```

上例就可以把网络上中原工学院的图片资源 xwgk.jpg 下载到本地,生成 zut_campus.jpg 图片文件。

2. 用 Python 的文件操作 write()函数写入文件

【例 12-2】 使用文件操作 write()函数将网络上图片写入本地文件中。

```
from urllib import request
import urllib
url = 'https://www.zut.edu.cn/images/xwgk.jpg'
url1 = urllib.request.Request(url)          #Request()函数将 URL 添加到头部,模拟浏览器访问
page = urllib.request.urlopen(url1).read()  #将 URL 页面的源代码保存成字符串
#open().write()方法原始且有效
open('c:\\aa.jpg', 'wb').write(page)        #写入 aa.jpg 文件中
```

12.3.2 爬取指定网页中的图片

首先用 urllib 库来模拟浏览器访问网站的行为,由给定的网站链接(URL)得到对应网页的源代码(HTML 标签)。其中,源代码以字符串的形式返回。

然后用正则表达式 re 库在字符串(网页源代码)中匹配表示图片链接的小字符串,返回一个列表。

最后循环列表,根据图片链接将图片保存到本地。

其中 urllib 库的使用在 Python 2.x 和 Python 3.x 中的差别很大,本案例以 Python 3.x 为例。

【例 12-3】 第一个简单的爬取图片程序,使用 Python 3.x 和 urllib 库。

```
import urllib.request
import re                              # 正则表达式库
def getHtmlCode(url):                  # 该方法传入 URL,返回 URL 的 HTML 的源代码
    headers = {
```

```
        'User - Agent': 'Mozilla/5.0 (Linux; Android 6.0; Nexus 5 Build/MRA58N) AppleWebKit/
537.36 (KHTML, like Gecko) Chrome/56.0.2924.87 Mobile Safari/537.36'
    }
    url1 = urllib.request.Request(url, headers = headers)
                                         #Request()函数将URL添加到头部,模拟浏览器访问
    page = urllib.request.urlopen(url1).read()      #将URL页面的源代码保存成字符串
    page = page.decode('UTF - 8')  #字符串转码
    return page

def getImg(page):  #该方法传入HTML的源代码,经过截取其中的<img>标签,将图片保存到本机
    imgList = re.findall(r'(http:[^\s]*?(jpg|png|gif))"', page)  #使用正则表达式查找
    x = 0
    for imgUrl in imgList:                                       #列表循环
        try:
            print('正在下载:%s'% imgUrl[0])
                          #urlretrieve(url,local)方法根据图片的URL将图片保存到本机
            urllib.request.urlretrieve(imgUrl[0],'E:/img/%d.jpg'% x)
            x += 1
        except:
            continue

if __name__ == '__main__':
    url = 'http://blog.csdn.net/qq_32166627/article/details/60345731'      #指定网址页面
    page = getHtmlCode(url)
    getImg(page)
```

其中,findall(正则,代表页面源码的 str)函数在字符串中按照正则表达式截取其中的子字符串,findall()返回一个列表,列表中的元素是一个个的元组,元组的第一个元素是图片的URL,第二个元素是URL的后缀名,列表形式如下:

```
[('http://avatar.csdn.net/4/E/B/1_qq_32166627.jpg', 'jpg'),
('http://avatar.csdn.net/1/1/4/2_fly_yr.jpg', 'jpg'),
('http://avatar.csdn.net/8/1/3/2_u013007900.jpg', 'jpg'),
…
('http://avatar.csdn.net/1/B/B/1_csdn.jpg', 'jpg')]
```

上述代码在找图片的URL时用的是re(正则表达式)。re用得好的话会有奇效,用得不好则效果极差。

既然得到了网页的源代码,就可以根据标签的名称来得到其中的内容。

由于正则表达式难以掌握,这里用一个第三方库——BeautifulSoup,它可以根据标签的名称对网页内容进行截取。BeautifulSoup4 的中文文档请参见页面 http://beautifulsoup.readthedocs.io/zh_CN/latest/。

12.3.3 BeautifulSoup 库概述

BeautifulSoup(英文原意是美丽的蝴蝶)是一个 Python 处理 HTML/XML 的函数库,是 Python 内置的网页分析工具,用来快速地转换被抓取的网页。它产生一个转换后 DOM

树,尽可能和原文档内容含义一致,这种措施通常能够满足用户搜集数据的需求。

BeautifulSoup 提供一些简单的方法以及类 Python 语法来查找、定位、修改一棵转换后的 DOM 树。BeautifulSoup 自动将送进来的文档转换为 Unicode 编码,而且在输出的时候转换为 UTF-8 编码。BeautifulSoup 可以找出"所有的链接<a>",或者"所有 class 是 xxx 的链接<a>",再或者是"所有匹配.cn 的链接 URL"。

1. BeautifulSoup 的安装

使用 pip 直接安装 BeautifulSoup4:

```
pip3 install beautifulsoup4
```

推荐在现在的项目中使用 BeautifulSoup4(bs4),导入时需要输入"import bs4"。

2. BeautifulSoup 的基本使用方式

【例 12-4】 演示 BeautifulSoup 的基本使用方式。

```
from bs4 import BeautifulSoup
#doc 可以是一个 HTML 内容的字符串,本例是列表需要转换成字符串
doc = ['<html><head><title> The story of Monkey </title></head>',
       '<body><p id = "firstpara" align = "center"> This is one paragraph </p>',
       '<p id = "secondpara" align = "center"> This is two paragraph </p>',
       '</html>']
soup = BeautifulSoup(''.join(doc), "html.parser")    #提供字符串信息,''.join(doc)将其合
                                                     #并为字符串
print (soup.prettify())
```

使用时,BeautifulSoup 必须首先导入 bs4 库:

```
from bs4 import BeautifulSoup
```

创建 BeautifulSoup 对象:

```
soup = BeautifulSoup(html)
```

另外,还可以用本地 HTML 文件来创建对象,例如:

```
soup = BeautifulSoup(open('index.html'), "html.parser")    #提供本地 HTML 文件
```

上面这句代码便是将本地 index.html 文件打开,用它来创建 BeautifulSoup 对象。
也可以使用网址 URL 获取 HTML 文件,例如:

```
from urllib import request
response = request.urlopen("http://www.baidu.com")
html = response.read()
html = html.decode("utf-8")                              #decode()函数将网页的信息进行解码,否则
                                                         #会出现乱码
soup = BeautifulSoup(html, "html.parser")                #远程网站上的 HTML 文件
```

程序段最后格式化输出 BeautifulSoup 对象的内容。

```
print(soup.prettify())
```

运行结果是:

```
<html>
<head>
  <title>The story of Monkey</title>
</head>
<body>
  <p align="center" id="firstpara">
    This is one paragraph
  </p>
  <p align="center" id="secondpara">
    This is two paragraph
  </p>
</body>
</html>
```

以上便是输出结果,格式化打印出了 BeautifulSoup 对象(DOM 树)的内容。
BeautifulSoup 将复杂 HTML 文档转换成一个复杂的树形结构,每个节点都是 Python 对象,所有对象可以归纳为 4 种:

- Tag。
- NavigableString。
- BeautifulSoup(前面例子中已经使用过)。
- Comment。

1) Tag 对象

Tag 是什么?通俗点讲就是 HTML 中的一个个标签,例如:

```
<title>The story of Monkey</title>
<a href="http://example.com/elsie" id="link1">Elsie</a>
```

上面的<title><a>等 HTML 标签加上里面包括的内容就是 Tag。下面用 BeautifulSoup 来获取 Tag。

```
print(soup.title)
print(soup.head)
```

输出:

```
<title>The story of Monkey</title>
<head><title>The story of Monkey</title></head>
```

可以利用 BeautifulSoup 对象 soup 加标签名轻松地获取这些标签的内容。不过要注意,它查找的是所有内容中第一个符合要求的标签,对于查询所有的标签,将在后面进行介绍。
可以验证一下这些对象的类型。

```
print(type(soup.title))    #输出:<class 'bs4.element.Tag'>
```

对于 Tag,它有两个重要的属性:name 和 attrs。下面分别来感受一下:

```
print(soup.name)              #输出:[document]
print(soup.head.name)         #输出:head
```

soup对象本身比较特殊,它的name即为[document],对于其他内部标签,输出的值便为标签本身的名称。

```
print(soup.p.attrs)           #输出:{'id': 'firstpara', 'align': 'center'}
```

在这里把<p>标签的所有属性打印出来,得到的类型是一个字典。
如果想要单独获取某个属性,例如获取它的id,可以这样做:

```
print(soup.p['id'])           #输出:firstpara
```

另外还可以利用get()方法传入属性的名称,二者是等价的:

```
print(soup.p.get('id'))       #输出: firstpara
```

用户可以对这些属性和内容等等进行修改,例如:

```
soup.p['class'] = "newClass"
```

另外还可以对这个属性进行删除,例如:

```
del soup.p['class']
```

2) NavigableString对象

得到标签的内容后,可以用.string获取标签内部的文字,也就是返回一个NavigableString对象。BeautifulSoup中用NavigableString类来处理标签内部的字符串。例如:

```
print(soup.title.string)              #输出:The story of Monkey
print(type(soup.title.string))        #输出:<class 'bs4.element.NavigableString'>
```

这样就轻松获取到了<title>标签里面的内容,如果用正则表达式则麻烦得多。
Tag对象中包含的字符串如何修改,通过NavigableString类提供replace_with()方法:

```
soup.title.string.replace_with('welcome to BeautifulSoup')
```

这样将HTML文档标题改成'welcome to BeautifulSoup'。

3) BeautifulSoup对象

BeautifulSoup对象表示的是一个文档的全部内容。大部分时候可以把它当作Tag对象,是一个特殊的Tag。下面代码可以分别获取它的类型、名称以及属性。

```
print(type(soup))             #输出:<class 'bs4.BeautifulSoup'>
print(soup.name)              #输出:[document]
print(soup.attrs)             #输出空字典:{}
```

4) Comment对象

Comment(注释)对象是一个特殊类型的NavigableString对象,其内容不包括注释符号,如果不好好处理它,可能会对文本处理造成意想不到的麻烦。

12.3.4 BeautifulSoup 库操作解析 HTML 文档树

1. 遍历文档树

1).contents 属性和.children 属性获取直接子节点

Tag 的.contents 属性可以将 Tag 的子节点以列表的方式输出。

```
print(soup.body.contents)
```

输出：

```
[<p align="center" id="firstpara">This is one paragraph</p>,
 <p align="center" id="secondpara">This is two paragraph</p>]
```

此时输出为列表，可以用列表索引来获取它的某一个元素。

```
print(soup.body.contents[0])  #获取第一个<p>
```

输出：

```
<p align="center" id="firstpara">This is one paragraph</p>
```

而.children 属性返回的不是一个列表，它是一个列表生成器对象。不过用户可以通过遍历获取所有子节点。

```
for child in soup.body.children:
    print(child)
```

输出：

```
<p align="center" id="firstpara">This is one paragraph</p>
<p align="center" id="secondpara">This is two paragraph</p>
```

2).descendants 属性获取所有子孙节点

.contents 和 .children 属性仅包含 Tag 的直接子节点，.descendants 属性可以对所有 Tag 的子孙节点进行递归循环，和.children 类似，用户也需要遍历获取其中的内容。

```
for child in soup.descendants:
    print(child)
```

通过运行结果可以发现，所有的节点都被打印出来了，先是最外层的 HTML 标签，接着从 head 标签一个个剥离，以此类推。

3) 节点内容

如果一个标签里面没有标签了，那么 .string 就会返回标签里面的内容。如果标签里面只有唯一的一个标签，那么 .string 也会返回最里面标签的内容。

如果 Tag 包含了多个子标签节点，Tag 就无法确定.string 方法应该调用哪个子标签节点的内容，.string 的输出结果是 None。

```
print (soup.title.string)        #输出<title>标签里面的内容
print (soup.body.string)         #<body>标签包含了多个子节点,所以输出 None
```

输出：

```
The story of Monkey
None
```

4) 父节点

.parent 属性获取父节点。

```
p = soup.title
print (p.parent.name)            #输出父节点名 Head
```

输出：

```
Head
```

以上是遍历文档树的基本用法。

2. 搜索文档树

1) find_all(name , attrs , recursive , text , limit , ** kwargs)

find_all()方法搜索当前 Tag 的所有 Tag 子节点,并判断是否符合过滤器的条件。参数如下：

（1）name 参数：可以查找所有名字为 name 的标签。

```
print (soup.find_all('p'))  #输出所有<p>标签
[<p align = "center" id = "firstpara"> This is one paragraph </p>, <p align = "center" id = "secondpara"> This is two paragraph </p>]
```

如果 name 参数传入正则表达式作为参数,BeautifulSoup 会通过正则表达式的 match()来匹配内容。下面例子中找出所有以 h 开头的标签。

```
for tag in soup.find_all(re.compile("^h")):
    print(tag.name , end = " ")  #html head
```

输出：

```
html head
```

这表示< html >和< head >标签都被找到。

（2）attrs 参数：按照 Tag 标签属性值检索,需要列出属性名和值,采用字典形式。

```
soup.find_all('p',attrs = {'id':"firstpara"})
```

或者

```
soup.find_all('p', {'id':"firstpara"})
```

都是查找属性值 id 是"firstpara"的< p >标签。

也可以采用关键字形式：

```
soup.find_all('p', id = "firstpara"})
```

（3）recursive 参数：调用 Tag 的 find_all()方法时，BeautifulSoup 会检索当前 Tag 的所有子孙节点，如果只想搜索 Tag 的直接子节点，可以使用参数 recursive＝False。

（4）text 参数：通过 text 参数可以搜文档中的字符串内容。

```
print (soup.find_all(text = re.compile("paragraph")))  #re.compile()正则表达式
```

输出：

```
['This is one paragraph', 'This is two paragraph']
```

re.compile("paragraph")正则表达式，表示所有含有"paragraph"的字符串都匹配。

（5）limit 参数：find_all()方法返回全部的搜索结构，如果文档树很大，那么搜索会很慢；如果不需要全部结果，可以使用 limit 参数限制返回结果的数量。当搜索到的结果数量达到 limit 的限制时，就停止搜索返回结果。

文档树中有两个 Tag 符合搜索条件，但结果只返回了一个，因为限制了返回数量。

```
soup.find_all("p", limit = 1)
```

输出：

```
[< p align = "center" id = "firstpara"> This is one paragraph </p>]
```

2) find(name，attrs，recursive，text)

它与 find_all()方法唯一的区别是 find_all()方法返回全部结果的列表，而后者 find()方法返回找到的第一个结果。

3. 用 CSS 选择器筛选元素

在写 CSS 时，标签名不加任何修饰，类名前加点，id 名前加#，这里也可以利用类似的方法来筛选元素，用到的方法是 soup.select()，返回类型是列表。

1) 通过标签名查找

```
soup.select('title')                #选取< title >元素
```

2) 通过类名查找

```
soup.select('.firstpara')           #选取 class 是 firstpara 的元素
soup.select_one(".firstpara")       #查找 class 是 firstpara 的第一个元素
```

3) 通过 id 名查找

```
soup.select('#firstpara')           #选取 id 是 firstpara 的元素
```

以上的 select()方法返回的结果都是列表形式，可以遍历形式输出，然后用 get_text()

方法或 text 属性来获取它的内容。

```
soup = BeautifulSoup(html, 'html.parser')
print (type(soup.select('div')))
print (soup.select('div')[0].get_text())        #输出首个<div>元素的内容
for title in soup.select('div'):
    print( title.text)                          #输出所有<div>元素的内容
```

处理网页需要对 HTML 有一定的理解，BeautifulSoup 库是一个非常完备的 HTML 解析函数库，有了 BeautifulSoup 库的知识，就可以进行网络爬虫实战了。

【例 12-5】 使用 BeautifulSoup 库解析 HTML 实现爬取网页上的图片。

```
from bs4 import BeautifulSoup
def getHtmlCode(url):                           #该方法传入 URL,返回 URL 的 HTML 的源代码
    headers = {
    'User-Agent': 'MMozilla/5.0 (Windows NT 6.1; WOW64; rv:31.0) Gecko/20100101 Firefox/31.0'
    }
    url1 = urllib.request.Request(url, headers = headers)    #Request()函数将 URL 添加到头
                                                             #部,模拟浏览器访问
    page = urllib.request.urlopen(url1).read()               #将 URL 页面的源代码保存成字符串
    page = page.decode('UTF-8')                              #字符串转码
    return page

def getImg(page,localPath):                     #该方法传入 HTML 的源代码,截取其中
                                                #的<img>标签,将图片保存到本机
    soup = BeautifulSoup(page,'html.parser')    #按照 HTML 格式解析页面
    imgList = soup.find_all('img')              #返回包含所有<img>标签的列表
    x = 0
    for imgUrl in imgList:                      #列表循环
        print('正在下载: %s'% imgUrl.get('src'))
        #urlretrieve(url,local)方法根据图片的 URL 将图片保存到本机
        urllib.request.urlretrieve(imgUrl.get('src'),localPath + '%d.jpg'% x)
        x += 1
if __name__ == '__main__':
    url = 'http://www.zhangzishi.cc/20160928gx.html'
    localPath = 'e:/img/'
    page = getHtmlCode(url)
    getImg(page,localPath)
```

可见使用 BeautifulSoup 比正则表达式更加简单地找到所有<img>标签。

12.3.5 BeautifulSoup 库和 requests 库的使用

requests 库和 urllib 库的作用相似且使用方法基本一致，都是根据 HTTP 操作各种消息和页面。使用 requests 库比 urllib 库更简单些。

1. requests 库的安装

使用 pip 直接安装 requests 库：

```
pip3 install requests
```

安装后进入 Python 导入模块测试是否安装成功：

```
import requests
```

没有出错即安装成功。

requests 库的使用请参阅中文官方网站 http://cn.python-requests.org/zh_CN/latest/。

2. 发送请求

发送请求很简单，首先要导入 requests 模块：

```
>>> import requests
```

接下来获取一个网页，例如中原工学院的首页：

```
>>> r = requests.get('http://www.zut.edu.cn')
```

之后就可以使用这个 r 的各种方法和函数了。

另外，HTTP 请求还有很多类型，比如 POST、PUT、DELETE、HEAD、OPTIONS，也都可以用同样的方式实现：

```
>>> r = requests.post("http://httpbin.org/post")
>>> r = requests.head("http://httpbin.org/get")
```

3. 在 URL 中传递参数

有时候需要在 URL 中传递参数，比如在采集百度搜索结果时，对于 wd 参数（搜索词）和 rn 参数（搜索结果数量），可以通过字符串连接的形式手工组成 URL，但 requests 也提供了一种简单的方法：

```
>>> payload = {'wd': '夏敏捷', 'rn': '100'}
>>> r = requests.get("http://www.baidu.com/s", params = payload)
>>> print(r.url)
```

结果是：

```
http://www.baidu.com/s?wd=%E5%A4%8F%E6%95%8F%E6%8D%B7&rn=100
```

上面"wd=…"的乱码就是"夏敏捷"的 URL 转码形式。

POST 参数请求例子如下：

```
requests.post('http://www.itwhy.org/wp-comments-post.php', data = {'comment': '测试POST'})
                                                                                    # POST 参数
```

4. 获取响应内容

```
>>> r = requests.get('http://www.baidu.com')    # 返回一个 Response 对象 r
>>> r.text
```

使用requests.get()方法后,会返回一个Response对象,其存储了服务器响应的内容。如上面实例中已经提到的r.text、r.status_code…

可以通过r.text来获取网页的内容。

结果是:

```
'<!DOCTYPE html>\r\n<!--STATUS OK--><html><head><meta http-equiv=content-type content=text/html;charset=utf-8><meta http-equiv=X-UA-Compatible content=IE=Edge><meta content=always name=referrer>...'
```

另外,还可以通过r.content来获取页面内容。

```
>>> r.content
```

r.content是以字节的方式显示,所以在IDLE中以b开头。

```
>>> r.encoding    #可以使用r.encoding来获取网页编码
```

结果是:

```
'ISO-8859-1'
```

当发送请求时,requests库会根据HTTP头部来获取网页编码;当使用r.text时,requests库就会使用这个编码。若HTTP头部中没有charset字段则默认为ISO-8859-1编码模式,则无法解析中文,这是乱码的原因。可以修改requests库的编码方式。

```
>>> r = requests.get('http://www.baidu.com')
>>> r.encoding
'ISO-8859-1'
>>> r.encoding = 'utf-8'        #修改编码解决乱码问题
```

像上面的例子,对encoding修改后,就直接会用修改后的编码去获取网页内容。

说明:apparent_encoding会从网页的内容中分析网页编码的方式,所以apparent_encoding比encoding更加准确。当网页出现乱码时可以把apparent_encoding的编码格式赋值给encoding。

5. JSON

如果用到JSON,就要引入新模块,如json和simplejson,但在requests库中已经有了内置的函数json()。这里以查询IP地址的API为例:

```
>>> url = 'http://whois.pconline.com.cn/ipJson.jsp?ip=202.196.32.7&json=true'
>>> r = requests.get(url)
>>> r.json()
{'ip': '202.196.32.7', 'pro': '河南省', 'proCode': '410000', 'city': '郑州市', 'cityCode': '410100', 'region': '', 'regionCode': '0', 'addr': '河南省郑州市 中原工学院', 'regionNames': '', 'err': ''}
>>> r.json()['city']
'郑州市'
```

可以看到是以字典的形式返回了 IP 全部内容。

6. 网页状态码

用户可以用 r.status_code 来检查网页的状态码。

```
>>> r = requests.get('http://www.mengtiankong.com')
>>> r.status_code
200
>>> r = requests.get('http://www.mengtiankong.com/123123/')
>>> r.status_code
404
```

此时,某能正常打开网页则返回 200,若不能正常打开网页则返回 404。

7. 响应的头部内容

用户可以通过 r.headers 来获取响应的头部内容。

```
>>> r = requests.get('http://www.zhidaow.com')
>>> r.headers
```

结果是

```
{
    'content-encoding': 'gzip',
    'transfer-encoding': 'chunked',
    'content-type': 'text/html; charset=utf-8';
    ...
}
```

可以看到是以字典的形式返回了全部内容,用户也可以访问部分内容。

```
>>> r.headers['Content-Type']
'text/html; charset=utf-8'
>>> r.headers.get('content-type')
'text/html; charset=utf-8'
```

8. 设置超时时间

用户可以通过 timeout 属性设置超时时间,一旦超过这个时间还没获得响应内容,就会提示错误。

```
>>> requests.get('http://github.com', timeout=0.001)
Traceback (most recent call last):
  File "<stdin>", line 1, in <module>
requests.exceptions.Timeout: HTTPConnectionPool(host='github.com', port=80): Request timed out. (timeout=0.001)
```

9. 代理访问

采集时为避免 IP 被封,经常会使用代理。requests 也有相应的 proxies 属性。

```
import requests
proxies = {
  "http": "http://10.10.1.10:3128",
  "https": "http://10.10.1.10:1080",
}
requests.get("http://www.zhidaow.com", proxies = proxies)
```

如果代理需要账户和密码,则需这样:

```
proxies = {
    "http": "http://user:pass@10.10.1.10:3128/",
}
```

10. 请求头内容

请求头内容可以用 r.request.headers 来获取。

```
>>> r.request.headers
{'Accept-Encoding': 'identity, deflate, compress, gzip',
'Accept': '*/*', 'User-Agent': 'python-requests/1.2.3 CPython/2.7.3 Windows/XP'}
```

11. 自定义请求头部

伪装请求头部是爬虫采集信息时经常用的,用户可以用这个方法来隐藏自己:

```
>>> r = requests.get('http://www.zhidaow.com')
>>> print( r.request.headers['User-Agent'])   #输出 python-requests/2.13.0
>>> headers = {'User-Agent': 'xmj'}
>>> r = requests.get('http://www.zhidaow.com', headers = headers) #伪装的请求头部
>>> print( r.request.headers['User-Agent'] )  #输出 xmj,避免被反爬虫
```

再例如另一个定制请求头部的例子:

```
import requests
import json
data = {'some': 'data'}
headers = {'content-type': 'application/json',
           'User-Agent': 'Mozilla/5.0 (X11; Ubuntu; Linux x86_64; rv:22.0) Gecko/20100101 Firefox/22.0'}
r = requests.post('https://api.github.com/some/endpoint', data = data, headers = headers)
print(r.text)
```

【例 12-6】 用 requests 库替换 urllib 库,并用 open().write()方法替换掉 urllib.request.urlretrieve(url, localPath)方法来下载中原工学院主页上的所有图片。

```
'''
    使用 requests,bs4 库下载中原工学院主页上的所有图片
'''
import os
import requests
from bs4 import BeautifulSoup
```

```python
def getHtmlCode(url):                           # 该方法传入 URL,返回 URL 的 HTML 的源代码
    headers = {
    'User-Agent': 'MMozilla/5.0 (Windows NT 6.1; WOW64; rv:31.0) Gecko/20100101 Firefox/31.0'
    }
    r = requests.get(url, headers=headers)
    r.encoding = 'UTF-8'                        # 指定网页解析的编码格式
    page = r.text                               # 获取 URL 页面的源代码字符串文本
    return page
def getImg(page, localPath):                    # 该方法传入 HTML 的源代码,截取其中的<img>标签,将图片保存到本机
    if not os.path.exists(localPath):           # 新建文件夹
        os.mkdir(localPath)
    soup = BeautifulSoup(page, 'html.parser')   # 按照 HTML 格式解析页面
    imgList = soup.find_all('img')              # 返回包含所有<img>标签的列表
    x = 0
    for imgUrl in imgList:                      # 列表循环
        try:
            print('正在下载: %s' % imgUrl.get('src'))
            if "http://" not in imgUrl.get('src'):  # 判断不是 http: 绝对路径开始
                m = 'http://www.zut.edu.cn/' + imgUrl.get('src')
                print('正在下载: %s' % m)
                ir = requests.get('http://www.zut.edu.cn/' + imgUrl.get('src'))
            else:
                ir = requests.get(imgUrl.get('src'))
            # write()方法写入本地文件中
            open(localPath + '%d.jpg' % x, 'wb').write(ir.content)
            x += 1
        except:
            continue
if __name__ == '__main__':
    url = 'http://www.zut.edu.cn/'
    localPath = 'e:/img/'
    page = getHtmlCode(url)
    getImg(page, localPath)
```

掌握上述技术后先爬取较简单的搜狗图片中某主题的图片。

输入搜狗图片 http://pic.sogou.com/,进入壁纸分类。然后按 F12 键进入开发人员选项(笔者用的是 Chrome)。右击某张图片,在弹出的快捷菜单中选择"检查"命令,结果如图 12-2 所示。

发现需要的图片 src 是在<img>标签下的,于是先试着用 Python 的 requests 提取该组件,进而获取 img 的 src,然后使用 urllib.request.urlretrieve 逐个下载图片,从而达到批量获取资料的目的。爬取的 URL 为:

http://pic.sogou.com/pics?query=%E5%A3%81%E7%BA%B8&mode=13

此 URL 来自进入分类后的浏览器的地址栏。其中%E5%A3%81%E7%BA%B8 是壁纸的 URL 编码。

写出如下代码:

```
import requests
import urllib
```

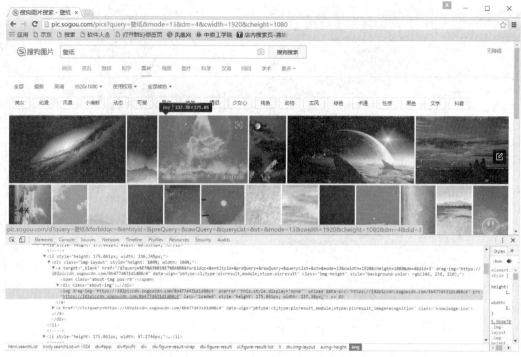

图 12-2　网页代码示意图

```
from bs4 import BeautifulSoup
res = requests.get('http://pic.sogou.com/pics?query=%E5%A3%81%E7%BA%B8')
                                                                    #爬取的URL
soup = BeautifulSoup(res.text,'html.parser')
print(soup.select('img'))
```

输出如下：

[< img alt = "搜狗图片" src = "//search.sogoucdn.com/pic/pc/static/img/logo.a430dba.png" drag-img = "https://hhypic.sogoucdn.com/deploy/pc/common_ued/images/common/ logo_cb2e773.png" srcset = "//search.sogoucdn.com/pic/pc/static/img/logo@2x.d358e22.png 2x"/>]

发现输出内容并不包含想要的图片元素，而是只剖析到 logo 的 img 图片 logo.a430dba.png(见图 12-3)的 img，这显然不是大家想要的。也就是说需要的图片资料不在 http://pic.sogou.com/pics? query＝％E5％A3％81％E7％BA％B8 的 HTML 源代码中。

图 12-3　logo.a430dba.png

这是为什么呢？可以发现当在网页内向下滑动鼠标滚轮，图片是动态刷新出来的，也就是说，该网页并不是一次加载出全部资源，而是动态加载资源。这也避免了因为网页过于臃肿而影响加载速度。网页动态加载中找出图片元素的方法如下：按 F12 键，在 Network 的 XHR 下单击 XHR 下的文件链接，在 Preview 选项卡中观察结果，如图 12-4 所示。

说明：XHR 全称为 XMLHttpRequest，中文可以解释为可扩展超文本传输请求。其中为 XML 可扩展标记语言，Http 为超文本传输协议，Request 为请求。XMLHttpRequest 对象可以在不向服务器提交整个页面的情况下，实现局部更新网页。当页面全部加载完毕后，

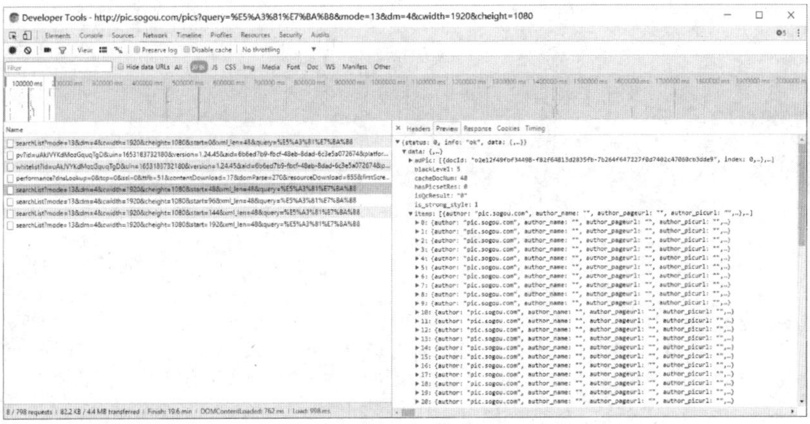

第12章 爬虫应用——抓取百度图片

图 12-4 分析网页的 JSON 数据

客户端通过该对象向服务器请求数据,服务器端接收数据并处理后,向客户端反馈数据。XMLHttpRequest 对象提供了对 HTTP 的完全访问,包括做出 POST 和 HEAD 请求以及普通的 GET 请求的能力。XMLHttpRequest 可以同步或异步返回 Web 服务器的响应,并且能以文本或者一个 DOM 文档形式返回内容。尽管名为 XMLHttpRequest,但它并不限于和 XML 文档一起使用:但它可以接收任何形式的文本文档。XMLHttpRequest 对象是为 AJAX 的 Web 应用程序架构的一项关键功能。

因为每一页加载的图片是有限的,通过不断地往下滑它会动态地加载新图片,会发现图 12-4 中不断地出现一个重复的 http://pic.sogou.com/napi/pc/searchList? mode。单击图 12-4 中右侧 JSON 数据 items,发现下面是 0,1,2,3……,一个一个的貌似是图片元素。试着打开一个图片的地址 thumbUrl(URL),发现确实是图片的地址。找到目标之后单击 XHR 下的 Headers 得到:

Request URL:
http://pic.sogou.com/napi/pc/searchList?mode = 13&dm = 4&cwidth = 1920&cheight = 1080&start = 0&xml_len = 48&query = %E5%A3%81%E7%BA%B8

试着去掉一些不必要的部分。技巧就是删掉可能的部分之后,访问不受影响。最后得到的 URL:

http://pic.sogou.com/napi/pc/searchList?start = 0&xml_len = 48&query = %E5%A3%81%E7%BA%B8

从字面意思知道 query 后面可能为分类。start 为开始下标,len 为长度,也即图片的数量。通过这个 URL 请求得到响应的 JSON 数据里包含着用户所需要的图片地址。有了上面分析就可以写出设计实现代码了。

【例 12-7】 Python 爬取搜狗图片中"壁纸"主题分类图片的程序。

```
import requests
import json
import urllib
def getSogouImag(category,length,path):
```

```
        n = length
        cate = category
        url = 'http://pic.sogou.com/napi/pc/searchList?query = ' + cate + '&start = 0&xml_len = ' + str(n)
        print(url)
        imgs = requests.get(url)
        jd = json.loads(imgs.text)
        items = jd['data']['items']
        imgs_url = []
        for j in items:
            imgs_url.append(j['thumbUrl'])
        m = 0
        for img_url in imgs_url:
                print('***** ' + str(m) + '.jpg *****' + 'Downloading...')
                urllib.request.urlretrieve(img_url, path + str(m) + '.jpg')
                m = m + 1
        print('Download complete!')
getSogouImag('壁纸', 200, 'd:/download/壁纸/')    #下载200张图片到d:/download/壁纸/文件夹下
```

程序运行结果如图 12-5 所示。

图 12-5　爬取到 D 盘 download 下"壁纸"文件夹下的图片

至此,关于该爬虫程序的编程过程介绍完毕。从整体来看,找到需要爬取元素所在的 URL,是爬虫诸多环节中的关键。

有了搜狗图片下载图片的基础,下面来实现百度图片的图片下载。

12.4　程序设计的步骤

12.4.1　分析网页源代码和网页结构

视频讲解

首先进入百度图库 https://image.baidu.com/,输入某个关键字(例如夏敏捷),单击搜索后,可见如下网址:

```
https://image.baidu.com/search/index?tn=baiduimage&ct=201326592&lm=-1&cl=2&ie=gbk&word=%CF%C4%C3%F4%BD%DD&fr=ala&ala=1&alatpl=adress&pos=0&hs=2&xthttps=111111
```

其中%CF%C4%C3%F4%BD%DD就是"夏敏捷"的URL编码(网址上不使用汉字)，所看见的页面是"瀑布流版本"(见图12-6)，当向下滑动的时候可以不停地刷新，这是一个动态的网页(和搜狗图片类似，需要按F12键，通过Network下的XHR去分析网页的结构)，而用户可以选择更简单的方法，就是单击网页右上方的"传统翻页版本"(见图12-7)。

图12-6 瀑布流版本下的图片

图12-7 传统翻页版本下的图片

传统翻页版本下浏览器的地址栏可见如下网址：

```
https://image.baidu.com/search/flip?tn=baiduimage&ie=gbk&word=%CF%C4%C3%F4%BD%DD&ct=201326592&lm=-1&v=flip
```

传统翻页版本下单击"下一页"或某数字页码,网址会发生变化,而动态网页则不会,因为其分页参数是在 POST 请求中的。在该程序中使用这个网址请求页面。

在网页空白处,右击,在弹出的快捷菜单中选择"查看网页的源代码"命令可以查看网页的源代码(见图 12-8),也就是 requests 请求下来的数据。要在这里面找到各个图片的链接和下一页的链接比较困难。

图 12-8 网页的源代码

用户可以通过浏览器(如谷歌 Chrome)的开发者工具来查看网页的元素,按 F12 键打开"开发者工具"来查看网页样式,注意当用户的鼠标从结构表中滑过时会实时显示此段代码所对应的位置区域(注意先要单击开发者工具右上角的箭头按钮),用户可以通过此方法,快速地找到图片元素所对应的位置(见图 12-9)。

图 12-9 图片元素所对应的位置

对图 12-9 分析可知,每个图片都在< ul class="imglist">下的列表项< li class="imgitem" style="width：372px；">中,其中< img src="…">保存图片的网址。

```
< div id = "imgid">
    < ul class = "imglist">
        < li class = "imgitem" style = "width:372px;">
            < a target = "_blank">
                < img src = "https://ss0.bdstatic.com/70cFuHSh_Q1YnxGkpoWK1HF6hhy/it/
```

```
        u = 3577097530,1691750734&amp;fm = 27&amp;gp = 0.jpg" alt = "net 程序设计教程">
            </a>
        < div class = "hover" title = "net 程序设计教程/< strong >夏敏捷</strong> 等"></div>
    </li>
```

从上面找到了一张图片的路径:

```
https://ss0.bdstatic.com/70cFuHSh_Q1YnxGkpoWK1HF6hhy/it/u = 3577097530,1691750734&amp;fm =
27&amp;gp = 0.jpg
```

用户可以在 HTML 源代码中搜索此路径找到它的位置,如下:

```
    flip.setData('imgData',
    { "queryEnc":"%E5%A4%8F%E6%95%8F%E6%8D%B7", "displayNum":5722, "bdIsClustered" :
"1", "listNum":1977, "bdFmtDispNum" : "5722", "bdSearchTime" : "", "isNeedAsyncRequest":0,
    "data":[{"thumbURL":"https://ss0.bdstatic.com/70cFuHSh_Q1YnxGkpoWK1HF6hhy/it/u =
3577097530,1691750734&fm = 27&gp = 0.jpg",
    "middleURL":"https://ss0.bdstatic.com/70cFuHSh_Q1YnxGkpoWK1HF6hhy/it/u = 3577097530,
1691750734&fm = 27&gp = 0.jpg", "largeTnImageUrl":"", "hasLarge" :0,
    "hoverURL":"https://ss0.bdstatic.com/70cFuHSh_Q1YnxGkpoWK1HF6hhy/it/u = 3577097530,
1691750734&fm = 27&gp = 0.jpg", "pageNum":0,
    " objURL ":" http://img13.360buyimg.com/n0/jfs/t586/241/26929280/71476/2c65610c/
54484fe6Nb33010bd.jpg",
    "fromURL":"ippr_z2C$qAzdH3FAzdH3Ftpj4_z&e3B31_z&e3Bv54AzdH3F8nc9adan0n_z&e3Bip4s",
"fromURLHost":"item.jd.com", "currentIndex":"", "width":800, "height":800, "type":"jpg",
"filesize":"", "bdSrcType":"0", "di":"35266154990", "pi":"0", "is":"0,0", "partnerId":0,
"bdSetImgNum":0, "bdImgnewsDate":"1970 - 01 - 01 08:00",
```

可见"thumbURL","middleURL","objURL"均是图片的所在网址,这里选用"objURL"对应的网址图片。所以写出如下正则表达式获取图片的所在网址:

```
re.findall('"objURL":"(.*?)"',content,re.S)
```

通过分析可知,"下一页"或某数字页码的 HTML 代码如下:

```
< div id = "page">
< strong >< span class = "pc">1</span ></strong >
< a href = "/search/flip?tn = baiduimage&ie = utf - 8&word = %E5%A4%8F%E6%95%8F%E6%
8D%B7
&pn = 20&gsm = 3c&ct = &ic = 0&lm = - 1&width = 0&height = 0"><span class = "pc" data = "right">2
</span></a>
< a href = "/search/flip?tn = baiduimage&ie = utf - 8&word = %E5%A4%8F%E6%95%8F%E6%
8D%B7
&pn = 40&gsm = 0&ct = &ic = 0&lm = - 1&width = 0&height = 0"><span class = "pc" data = "right">3
</span></a>
…
< a href = "/search/flip?tn = baiduimage&ie = utf - 8&word = %E5%A4%8F%E6%95%8F%E6%
8D%B7
    &pn = 180&gsm = 0&ct = &ic = 0&lm = - 1&width = 0&height = 0"><span class = "pc" data = "right">10
</span></a>
```

```
<a href = "/search/flip?tn = baiduimage&ie = utf - 8&word = % E5 % A4 % 8F % E6 % 95 % 8F % E6 %
8D % B7
&pn = 20&gsm = 3c&ct = &ic = 0&lm = - 1&width = 0&height = 0" class = "n">下一页</a>
</div>
```

所以获取"下一页"链接写出如下正则表达式:

```
re.findall('<div id = "page">. * <a href = "(. * ?)" class = "n">',content,re.S)[0]
```

12.4.2 设计代码

Python 爬虫搜索百度图片库并下载图片代码如下:

```python
import requests                                    # 导入库
import re
# 设置默认配置
MaxSearchPage = 20                                 # 搜索页数
CurrentPage = 0                                    # 当前正在搜索的页数
DefaultPath = "pictures"                           # 默认存储位置
NeedSave = 0                                       # 是否需要存储
# 图片链接正则和下一页的链接正则
def imageFiler(content):                           # 通过正则获取当前页面的图片地址数组
        return re.findall('"objURL":"(. * ?)"',content,re.S)
def nextSource(content):                           # 通过正则获取下一页的网址
        next = re.findall('<div id = "page">. * <a href = "(. * ?)" class = "n">',content,
re.S)[0]
        print(" --------- " + "http://image.baidu.com" + next)
        return next
# 爬虫主体
def spidler(source):
        content = requests.get(source).text        # 通过链接获取内容
        imageArr = imageFiler(content)             # 获取图片数组
        global CurrentPage
        print("Current page:" + str(CurrentPage) + " ************************")
        for imageUrl in imageArr:
            print(imageUrl)
            global NeedSave
            if NeedSave:                           # 如果需要保存图片则下载图片,否则不下载图片
                global DefaultPath
                try:
                    # 下载图片并设置超时时间,如果图片地址错误就不继续等待了
                    picture = requests.get(imageUrl,timeout = 10)
                except:
                    print("Download image error! errorUrl:" + imageUrl)
                    continue
                # 创建图片保存的路径
                imageUrl = imageUrl.replace('/','').replace(':','').replace('?','')
                pictureSavePath = DefaultPath + imageUrl
                fp = open(pictureSavePath,'wb')    # 以写入二进制的方式打开文件
```

```
                    fp.write(picture.content)
                    fp.close()
            global MaxSearchPage
            if CurrentPage <= MaxSearchPage:          #继续下一页爬取
                if nextSource(content):
                    CurrentPage += 1
                    #爬取完毕后通过下一页地址继续爬取
                    spidler("http://image.baidu.com" + nextSource(content))
#爬虫的开启方法
def beginSearch(page = 1, save = 0, savePath = "pictures/"):
            #(page:爬取页数,save:是否存储,savePath:默认存储路径)
            global MaxSearchPage, NeedSave, DefaultPath
            MaxSearchPage = page
            NeedSave = save                           #是否保存,值为 0 不保存,值为 1 保存
            DefaultPath = savePath                    #图片保存的位置
            key = input("Please input you want search:")
            StartSource = "http://image.baidu.com/search/flip?tn = baiduimage&ie = utf -
8&word = " + str(key) + "&ct = 201326592&v = flip"   #分析链接可以得到,替换其'word'值后面
                                                      #的数据来搜索关键词
            spidler(StartSource)
#调用开启的方法就可以通过关键词搜索图片了
beginSearch(page = 5, save = 1)                       #page = 5 是下载前 5 页,save = 1 表示保存图片
```

运行后输入搜索关键词,如"夏敏捷",可以在 pictures 文件夹下得到"夏敏捷"相关的图片,如图 12-10 所示。这里下载的图片命名采用的是下载的网址,所以需要去除文件名不允许的特殊字符如":""/""?"等。当然更好的处理方法是文件名采用数字编号,避免出现网址中的特殊字符。

图 12-10 pictures 文件夹下得到相关图片

掌握以上技术后,请读者换一个图片网站,分析网页结构,自行实现设计图片下载程序。

第13章 图像处理——人物拼图游戏

视频讲解

13.1 程序功能介绍

拼图游戏将一幅图片分割成若干拼块,并将它们随机打乱顺序。当将所有拼块都放回原位置时就完成了拼图(游戏结束)。

本人物拼图游戏为3行3列,拼块以随机顺序排列,玩家通过用鼠标单击空白块四周来交换它们的位置,直到所有拼块都回到原位置。拼图游戏运行界面如图13-1所示。

图 13-1 拼图游戏运行界面

13.2 程序设计的思路

游戏程序首先将图片分割成相应 3 行 3 列的拼块,并按顺序编号。动态生成一个大小为 3×3 的列表(数组)board,存放 0,1,2,…,8,每个数字代表一个拼块(例如 3×3 的游戏拼块编号,如图 13-2 所示),编号为 8 的拼块不显示。

图 13-2　拼块编号示意图

游戏开始时,随机打乱这个二维列表 board,例如 board[0][0] 是 5 号拼块,则在左上角显示编号是 5 的拼块。根据玩家用鼠标单击的拼块和空白块所在位置,来交换该 board 列表对应元素,最后通过判断元素排列顺序来判断是否已经完成游戏。

13.3 Python 图像处理

13.3.1 Python 图像处理类库

图像处理类库(Python Imaging Library,PIL)提供了通用的图像处理功能,以及大量有用的基本图像操作,比如图像缩放、裁剪、旋转、颜色转换等。PIL 是 Python 语言的第三方库,安装 PIL 的方法如下,需要安装库的名字是 pillow。

```
C:\> pip install pillow
```

或者

```
pip3 install pillow
```

PIL 支持图像存储、显示和处理,它能够处理几乎所有图片格式,可以完成对图像的缩放、剪裁、叠加以及向图像添加线条和文字等操作。

PIL 主要可以实现图像归档和图像处理两方面功能需求。

(1) 图像归档:对图像进行批处理、生成图像预览、图像格式转换等。

(2) 图像处理:图像基本处理、像素处理、颜色处理等。

根据功能不同,PIL 共包括 21 个与图像相关的类,这些类可以被看作是子库或 PIL 中的模块,模块列表如下:Image、ImageChops、ImageCrackCode、ImageDraw、ImageEnhance、ImageFile、ImageFileIO、ImageFilter、ImageFont、ImageGrab、ImageOps、ImagePath、ImageSequence、ImageStat、ImageTk、ImageWin、PSDraw 模块。

其中最常用的有以下模块。

1. Image 模块

Image 模块是 PIL 中最重要的模块,它提供了诸多图像操作功能,如创建、打开、显示、保存图像等功能,合成、裁剪、滤波等功能,获取图像属性功能(如图像直方图、通道数等)。

PIL 中 Image 模块提供 Image 类,可以使用 Image 类从大多数图像格式的文件中读取数据,然后写入最常见的图像格式文件中。要读取一幅图像,可以使用:

```python
from PIL import Image
pil_im = Image.open('empire.jpg')
```

上述代码的返回值 pil_im 是一个 PIL 图像对象。

也可以直接用 Image.new(mode,size,color=None)创建图像对象,color 的默认值是黑色。

```python
newIm = Image.new ('RGB', (640, 480), (255, 0, 0))    #新建一个 Image 对象
```

这里新建一个红色背景,640×480 像素的 RGB 空白图像。

图像的颜色转换可以使用 Image 类 convert()方法来实现。要读取一幅图像,并将其转换成灰度图像,只需要加上 convert('L'),如下所示:

```python
pil_im = Image.open('empire.jpg').convert('L')    #转换成灰度图像
```

2. ImageChops 模块

ImageChops 模块包含一些算术图形操作,叫作 channel operations("chops")。这些操作可用于诸多目的,比如图像特效、图像组合、算法绘图等。通道操作只用于位图像(如 L 模式和 RGB 模式)。大多数通道操作有一个或者两个图像参数,返回一个新的图像。

每张图片都是由一个或者多个数据通道构成。以 RGB 图像为例,每张图片都由三个数据通道构成,分别为 R、G 和 B 通道。而对于灰度图像,则只有一个通道。

【例 13-1】 ImageChops 模块的使用。

```python
from PIL import Image
im = Image.open('D:\1.jpg')
from PIL import ImageChops
im_dup = ImageChops.duplicate(im)           #复制图像,返回给定图像的副本
print(im_dup.mode)                          #输出模式:'RGB'
im_diff = ImageChops.difference(im,im_dup)  #返回两幅图像各像素差的绝对值形成的图像
im_diff.show()
```

由于图像 im_dup 是由 im 复制过来的,所以它们的差为 0,图像 im_diff 显示时为黑图。

3. ImageDraw 模块

ImageDraw 模块为 Image 对象提供了基本的图形处理功能,例如它可以为图像添加几何图形。

【例 13-2】 ImageDraw 模块的使用。

```python
from PIL import Image, ImageDraw
```

```
im = Image.open('D:\1.jpg')
draw = ImageDraw.Draw(im)
draw.line((0,0) + im.size, fill = 128)
draw.line((0, im.size[1], im.size[0], 0), fill = 128)
im.show()
```

结果是在原有图像上画了两条对角线。

4. ImageEnhance 模块

ImageEnhance 模块包括一些用于图像增强的类，它们分别为 Color 类、Brightness 类、Contrast 类和 Sharpness 类。

【例 13-3】 ImageEnhance 模块的使用。

```
from PIL import Image, ImageEnhance
im = Image.open('D:\1.jpg')
enhancer = ImageEnhance.Brightness(im)
im0 = enhancer.enhance(0.5)
im0.show()
```

结果是图像 im0 的亮度为图像 im 的一半。

5. ImageFile 模块

ImageFile 模块为图像打开和保存功能提供了相关支持功能。

6. ImageFilter 模块

ImageFilter 模块包括各种滤波器的预定义集合，与 Image 类的 filter() 方法一起使用。该模块包含一些图像增强的滤波器：BLUR、CONTOUR、DETAIL、EDGE_ENHANCE、EDGE_ENHANCE_MORE、EMBOSS、FIND_EDGES、SMOOTH、SMOOTH_MORE 和 SHARPEN。

【例 13-4】 ImageFilter 模块的使用。

```
from PIL import Image
im = Image.open('D:\1.jpg')
from PIL import ImageFilter
imout = im.filter(ImageFilter.BLUR)
print(imout.size) #图像的尺寸大小为(300, 450)，是一个二元组，即水平和垂直方向上的像素数
imout.show()
```

7. ImageFont 模块

ImageFont 模块定义了一个同名的类，即 ImageFont 类。这个类的实例中存储着 bitmap 字体，需要与 ImageDraw 类的 text() 方法一起使用。

Image 模块是 PIL 中最重要的模块，它提供了一个相同名称的类，即 Image 类，用于表示 PIL 图像。Image 类提供很多方法对图像进行处理，接下来对 Image 类的方法进行介绍。

13.3.2 复制和粘贴图像区域

使用 crop() 方法可以从一幅图像中裁剪指定区域。

【例13-5】 裁剪指定区域。

```
from PIL import Image
im = Image.open("D:\test.jpg")
box = (100,100,400,400)
region = im.crop(box)
```

该区域使用四元组来指定。四元组的坐标依次是(左,上,右,下)。PIL 中指定坐标系的左上角坐标为(0,0)。用户可以旋转上面代码中获取的区域,然后使用 paste()方法将该区域放回去,具体实现如下:

```
region = region.transpose(Image.ROTATE_180)    # 逆时针旋转180°
im.paste(region,box)
```

13.3.3 调整尺寸和旋转

要调整一幅图像的尺寸,可以调用 resize()方法。该方法的参数是一个元组,用来指定新图像的大小:

```
out = im.resize((128,128))
```

要旋转一幅图像,可以使用逆时针方式表示旋转角度,然后调用 rotate()方法:

```
out = im.rotate(45)                            # 逆时针旋转45°
```

13.3.4 转换成灰度图像

对于彩色图像,不管其图像格式是 PNG,还是 BMP,或者是 JPG,在 PIL 中,使用 Image 模块的 open()函数打开后,返回的图像对象的模式都是 RGB。而对于灰度图像,不管其图像格式是 PNG,还是 BMP,或者是 JPG,打开后,其模式为 L。

对于 PNG、BMP 和 JPG 彩色图像格式之间的互相转换都可以通过 Image 模块的 open()和 save()函数来完成。具体说就是,在打开这些图像时,PIL 会将它们解码为三通道的 RGB 图像。用户可以基于这个 RGB 图像,对其进行处理。处理完毕,使用函数 save()可以将处理结果保存成 PNG、BMP 和 JPG 中的任何格式。这样也就完成了几种格式之间的转换。当然,对于不同格式的灰度图像,也可通过类似途径完成,只是 PIL 解码后是模式为 L 的图像。

这里,详细介绍一下 Image 模块的 convert()函数,用于不同模式图像之间的转换。
convert()函数有三种形式的定义,它们的定义形式如下:

```
im.convert(mode)
im.convert('P', **options)
im.convert(mode, matrix)
```

使用不同的参数,将当前的图像转换为新的模式(PIL 中有9种不同模式。分别为1、L、P、RGB、RGBA、CMYK、YCbCr、I、F),并产生新的图像作为返回值。

【例 13-6】 将图片转换成灰度图。

```
from PIL import Image              #或直接用 import Image
im = Image.open('a.jpg')
im1 = im.convert('L')              #将图片转换成灰度图
```

模式 L 为灰色图像,它的每个像素用 8 个字节表示,0 表示黑,255 表示白,其他数字表示不同的灰度。在 PIL 中,从模式 RGB 转换为 L 模式是按照下面的公式转换的:

```
L = R * 299/1000 + G * 587/1000 + B * 114/1000
```

打开图片并转换成灰度图的方法是:

```
im = Image.open('a.jpg').convert('L')
```

如果转换成黑白图片(为二值图像),则就是模式"1"(非黑即白)。但是它每个像素用 8 个字节表示,0 表示黑,255 表示白。

【例 13-7】 将彩色图像转换为黑白图像。

```
from PIL import Image              #或直接 import Image
im = Image.open('a.jpg')
im1 = im.convert('1')              #将彩色图像转换成黑白图像
```

13.3.5 对像素进行操作

getpixel(x,y)获取指定像素的颜色,如果图像为多通道,则返回一个元组。该方法执行比较慢;如果用户需要使用 Python 处理图像中较大部分数据,可以使用像素访问对象的 load()或者 getdata()方法。putpixel(xy,color)可改变单个像素点颜色。

【例 13-8】 改变单个(4,4)像素点为红色,同时保存为新文件 img1.png。

```
img = Image.open("smallimg.png")
img.getpixel((4,4))                #获取(4,4)像素的颜色
img.putpixel((4,4),(255,0,0))      #改变单个(4,4)像素点为红色
img.save("img1.png","png")
```

说明:getpixel()得到图片 img 的坐标为(4,4)的像素点。putpixel()将坐标为(4,4)的像素点变为(255,0,0)颜色,即红色。

13.4 程序设计的步骤

13.4.1 Python 处理图片分割

视频讲解

使用 PIL 中 crop()方法可以从一幅图像中裁剪指定区域。该区域使用四元组来指定。四元组的坐标依次是(左,上,右,下)。PIL 中指定坐标系的左上角坐标为(0,0)。具体实现如下:

```python
from PIL import Image
img = Image.open(r'c:\woman.jpg')
box = (100,100,400,400)
region = img.crop(box)                    #裁切图片
#保存裁切后的图片
region.save('crop.jpg')
```

本游戏中需要把图片分割为3行3列的图片块,在上面的基础上指定不同的区域即可裁剪保存。为了更通用一些,编写splitimage(src, rownum, colnum, dstpath)函数,实现将指定的src图片文件分割成rownum×colnum数量的小图片块。具体实现如下:

```python
import os
from PIL import Image
def splitimage(src, rownum, colnum, dstpath):
    img = Image.open(src)
    w, h = img.size                       #图片大小
    if rownum <= h and colnum <= w:
        print('Original image info: %sx%s, %s, %s' % (w, h, img.format, img.mode))
        print('开始处理图片分割,请稍候...')
        s = os.path.split(src)
        if dstpath == '':                 #没有输入路径
            dstpath = s[0]                #使用源图片所在目录s[0]
        fn = s[1].split('.')              # s[1]是源图片文件名
        basename = fn[0]                  #主文件名
        ext = fn[-1]                      #扩展名
        num = 0
        rowheight = h // rownum
        colwidth = w // colnum
        for r in range(rownum):
            for c in range(colnum):
                box = (c * colwidth, r * rowheight, (c + 1) * colwidth, (r + 1) * rowheight)
                img.crop(box).save(os.path.join(dstpath, basename + '_' + str(num) + '.' + ext))
                num = num + 1
        print('图片分割完毕,共生成 %s 张小图片.' % num)
    else:
        print('不合法的行列分割参数!')

src = input('请输入图片文件路径:')
#src = "c:\woman.png"
if os.path.isfile(src):
    dstpath = input('请输入图片输出目录(不输入路径则表示使用源图片所在目录):')
    if (dstpath == '') or os.path.exists(dstpath):
        row = int(input('请输入分割行数:'))
        col = int(input('请输入分割列数:'))
        if row > 0 and col > 0:
            splitimage(src, row, col, dstpath)
        else:
            print('无效的行列分割参数!')
    else:
```

```
            print('图片输出目录 %s 不存在!' % dstpath)
    else:
        print('图片文件 %s 不存在!' % src)
```

运行结果：

```
请输入图片文件路径:c:\ woman.png
请输入图片输出目录(不输入路径则表示使用源图片所在目录):
请输入分割行数:3
请输入分割列数:3
Original image info: 283x212, PNG, RGBA
开始处理图片分割,请稍候…
图片分割完毕,共生成 9 张小图片。
```

13.4.2 游戏逻辑实现

1. 常量定义及加载图片

```python
from tkinter import *
from tkinter.messagebox import *
import random
# 定义常量
# 画布的尺寸
WIDTH = 312
HEIGHT = 450
# 图像块的边长
IMAGE_WIDTH = WIDTH // 3
IMAGE_HEIGHT = HEIGHT // 3
# 游戏的行列数
ROWS = 3
COLS = 3
# 移动步数
steps = 0
# 保存所有图像块的列表
board = [[0, 1, 2],
         [3, 4, 5],
         [6, 7, 8]]
root = Tk('拼图 2017')
root.title("拼图 -- 夏敏捷 2017-10-5")
# 载入外部事先生成的 9 个小图像块
Pics = []
for i in range(9):
    filename = "woman_" + str(i) + ".png"
    Pics.append(PhotoImage(file = filename))
```

2. 图像块(拼块)类

每个图像块(拼块)是个 Square 对象,具有 draw 功能,即将本拼块图片绘制到 Canvas 上。orderID 属性是每个图像块(拼块)对应的编号。

```
# 图像块(拼块)类
class Square:
    def __init__(self, orderID):
        self.orderID = orderID
    def draw(self, canvas, board_pos):
        img = Pics[self.orderID]
        canvas.create_image(board_pos, image = img)
```

3. 初始化游戏

random.shuffle(board)打乱二维列表,只能按行进行,所以使用一维列表来实现编号打乱。打乱图像块后,根据编号生成对应的图像块(拼块)到board列表中。

```
def init_board():
    #打乱图像块
    L = list(range(9))                  #L列表中[0,1,2,3,4,5,6,7,8]
    random.shuffle(L)
    #填充拼图板
    for i in range(ROWS):
        for j in range(COLS):
            idx = i * ROWS + j
            orderID = L[idx]
            if orderID is 8:            #8号拼块不显示,所以存为None
                board[i][j] = None
            else:
                board[i][j] = Square(orderID)
```

4. 绘制游戏界面各元素

```
def drawBoard(canvas):
    #画黑框
    canvas.create_polygon((0, 0, WIDTH, 0, WIDTH, HEIGHT, 0, HEIGHT), width = 1, outline = 'Black')
    #画所有图像块
    for i in range(ROWS):
        for j in range(COLS):
            if board[i][j] is not None:
                board[i][j].draw(canvas, (IMAGE_WIDTH * (j + 0.5), IMAGE_HEIGHT * (i + 0.5)))
```

5. 鼠标事件

将单击位置换算成拼图板上的棋盘坐标,如果单击空位置,什么也不移动,否则依次检查被单击的当前图像块的上、下、左、右是否有空位置,如果有就移动当前图像块。

```
def mouseclick(pos):
    global steps
    #将单击位置换算成拼图板上的棋盘坐标
    r = int(pos.y // IMAGE_HEIGHT)
    c = int(pos.x // IMAGE_WIDTH)
    if r < 3 and c < 3:                 #单击位置在拼图板内才移动图片
        if board[r][c] is None:         #单击空位置,什么也不移动
```

```
                return
            else:
                # 依次检查被单击的当前图像块的上、下、左、右是否有空位置,如果有就移动当前图像块
                current_square = board[r][c]
                if r - 1 >= 0 and board[r-1][c] is None:        # 判断上面
                    board[r][c] = None
                    board[r-1][c] = current_square
                    steps += 1
                elif c + 1 <= 2 and board[r][c+1] is None:      # 判断右面
                    board[r][c] = None
                    board[r][c+1] = current_square
                    steps += 1
                elif r + 1 <= 2 and board[r+1][c] is None:      # 判断下面
                    board[r][c] = None
                    board[r+1][c] = current_square
                    steps += 1
                elif c - 1 >= 0 and board[r][c-1] is None:      # 判断左面
                    board[r][c] = None
                    board[r][c-1] = current_square
                    steps += 1
                # print(board)
                label1["text"] = "步数:" + str(steps)
                cv.delete('all')                                 # 清除 Canvas 画布上的内容
                drawBoard(cv)
        if win():
            showinfo(title = "恭喜", message = "你成功了!")
```

6. 输赢判断

判断拼块的编号是否有序的,如果不是有序的则返回 False。

```
def win():
    for i in range(ROWS):
        for j in range(COLS):
            if board[i][j] is not None and board[i][j].orderID != i * ROWS + j:
                return False
    return True
```

7. 重置游戏

```
def play_game():
    global steps
    steps = 0
    init_board()
```

8. "重新开始"按钮的单击事件

```
def callBack2():
    print("重新开始")
    play_game()
```

```
        cv.delete('all')              # 清除 Canvas 画布上的内容
        drawBoard(cv)
```

9. 主程序

```
# 设置窗口
cv = Canvas(root, bg = 'green', width = WIDTH, height = HEIGHT)
b1 = Button(root,text = "重新开始",command = callBack2,width = 20)
label1 = Label(root,text = "步数:" + str(steps) ,fg = "red",width = 20)
label1.pack()
cv.bind("<Button-1>", mouseclick)
cv.pack()
b1.pack()
play_game()
drawBoard(cv)
root.mainloop()
```

至此完成人物拼图游戏设计。掌握以上技术后,请读者思考以下任务的实现。

(1) 实现 5 行 5 列人物拼图游戏。

(2) 实现 n 行 n 列人物拼图游戏。

第 14 章

网络通信案例——基于UDP的网络五子棋

14.1 网络五子棋游戏简介

五子棋是一种众所周知的棋类游戏,它的多变吸引了无数的玩家。本章设计的五子棋游戏是一种简易五子棋,棋盘为15×15,黑子先落。在每次下棋子前先判断该处有无棋子,有则不能落子,超出边界不能落子。任何一方有达到横向、竖向、斜向、反斜向连到5个棋子则胜利。

本章介绍基于UDP的Socket编程方法来制作网络五子棋程序。网络五子棋游戏采用C/S架构,分为服务器端和客户端。服务器端运行界面如图14-1所示,游戏时服务器端首

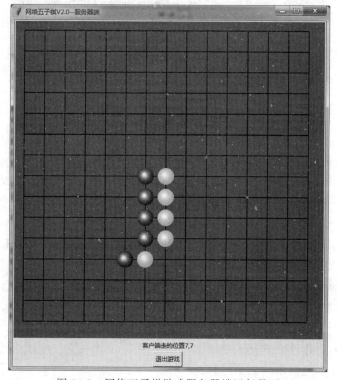

图 14-1 网络五子棋游戏服务器端运行界面

先启动,当客户端连接后服务器端可以走棋。

用户根据提示信息,轮到自己下棋时才可以在棋盘上落子,同时下方标签会显示对方的走棋信息,服务器端用户通过"退出游戏"按钮可以结束游戏。

客户端运行界面如图 14-2 所示,需要输入服务器 IP 地址(这里采用默认地址为本机地址),如果正确且服务器启动则可以连接服务器。连接成功后客户端用户根据提示信息,轮到自己下棋时才可以在棋盘上落子,同样可以通过"退出游戏"按钮结束游戏。

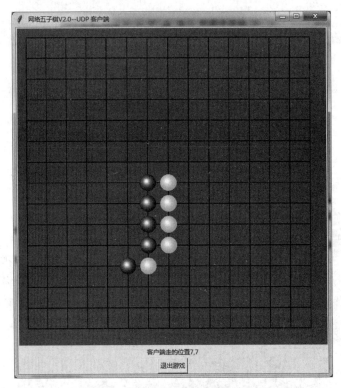

图 14-2　网络五子棋游戏客户端界面

14.2　五子棋设计思路

在下棋过程中,为了保存下过的棋子的信息,使用列表 map。map[x][y]存储棋盘(x,y)处棋子信息,0 代表黑子,1 代表白子。

整个游戏运行时,在鼠标单击事件中判断单击位置是否合法,既不能在已有棋的位置单击,也不能超出游戏棋盘边界,如果合法则将此位置信息加入 map 列表和 back 列表(用于悔棋),同时调用 checkWin(x,y)判断游戏的输赢。

本游戏设计关键是判断输赢的算法。对于算法具体实现大致分为以下几个部分:
- 判断 X=Y 轴上是否形成五子连珠。
- 判断 X=-Y 轴上是否形成五子连珠。
- 判断 X 轴上是否形成五子连珠。
- 判断 Y 轴上是否形成五子连珠。

第14章 网络通信案例——基于UDP的网络五子棋

以上四种情况只要任何一种成立,那么就可以判断输赢。

```python
def win_lose( ):                          #输赢判断
    #扫描整个棋盘,判断是否连成五颗
    a = str(turn)
    print ("a = ",a)
    for i in range(0,11):                 #0 -- 10
        #判断 X = Y 轴上是否形成五子连珠
        for j in range(0,11):             #0 -- 10
            if map[i][j] == a and map[i + 1][j + 1] == a and map[i + 2][j + 2] == a \
                    and map[i + 3][j + 3] == a and map[i + 4][j + 4] == a:
                print("X = Y 轴上形成五子连珠")
                return True

    for i in range(4,15):                 # 4 To 14
        #判断 X = -Y 轴上是否形成五子连珠
        for j in range(0,11):             #0 -- 10
            if map[i][j] == a and map[i - 1][j + 1] == a and map[i - 2][j + 2] == a \
                    and map[i - 3][j + 3] == a and map[i - 4][j + 4] == a:
                print("X = -Y 轴上形成五子连珠")
                return True

    for i in range(0,15):                 #0 -- 14
        #判断 Y 轴上是否形成五子连珠
        for j in range(4,15):             # 4 To 14
            if map[i][j] == a and map[i][j - 1] == a and map[i][j - 2] == a \
                    and map[i][j - 3] == a and map[i][j - 4] == a:
                print("Y 轴上形成五子连珠")
                return True

    for i in range(0,11):                 #0 -- 10
        #判断 X 轴上是否形成五子连珠
        for j in range(0,15):             #0 -- 14
            if map[i][j] == a and map[i + 1][j] == a and map[i + 2][j] == a \
                    and map[i + 3][j] == a and map[i + 4][j] == a:
                print("X 轴上形成五子连珠")
                return True
    return False
```

判断输赢实际上不用扫描整个棋盘,如果能得到刚下的棋子位置(x,y),就不用扫描整个棋盘,而仅仅在此棋子附近横、竖、斜方向均判断一遍判断即可。

checkWin(x,y)判断这个棋子是否和其他的棋子连成五子即输赢判断。它是以(x,y)为中心横向、纵向、斜方向的判断来统计相同个数实现。

例如以水平方向(横向)判断为例,以(x,y)为中心计算水平方向棋子数量时,首先向右最多4个位置,如果同色则 count 加1。然后向左最多4个位置,如果同色则 count 加1。统计完成后如果 count >=5 则说明水平方向连成五子。其他方向同理。每个方向判断前因为下子处(x,y)还有己方一个,所以 count 初始值为1。

```python
def checkWin(x, y):
    flag = False
    count = 1                              #保存共有相同颜色多少棋子相连
    color = map[x][y]
    #通过循环来做棋子相连的判断
    #横向的判断
    #判断横向是否有 5 个棋子相连,特点是纵坐标相同,即 map[x][y]中 y 值是相同的
    i = 1
    while color == map[x + i][y]:          #向右统计
        count = count + 1
        i = i + 1
    i = 1
    while color == map[x - i][y]:          #向左统计
        count = count + 1
        i = i + 1
    if count >= 5:
        flag = True

    #纵向的判断
    i2 = 1
    count2 = 1
    while color == map[x][y + i2]:
        count2 = count2 + 1
        i2 = i2 + 1
    i2 = 1
    while color == map[x][y - i2]:
        count2 = count2 + 1
        i2 = i2 + 1
    if count2 >= 5:
        flag = True

    #斜方向的判断(右上 + 左下)
    i3 = 1
    count3 = 1
    while color == map[x + i3][y - i3]:
        count3 = count3 + 1
        i3 = i3 + 1
    i3 = 1
    while color == map[x - i3][y + i3]:
        count3 = count3 + 1
        i3 = i3 + 1
    if count3 >= 5:
        flag = True

    #斜方向的判断(右下 +左上)
    i4 = 1
    count4 = 1
    while color == map[x + i4][y + i4]:
        count4 = count4 + 1
```

```
            i4 = i4 + 1
        i4 = 1
        while color == map[x - i4][y - i4]:
            count4 = count4 + 1
            i4 = i4 + 1
        if count4 >= 5:
            flag = True
    return flag
```

本程序中每下一步棋子,调用 checkWin(x,y) 函数判断是否已经连成五子,如果返回 True,则说明已经连成五子,显示输赢结果对话框。

14.3 关键技术

14.3.1 UDP 编程

视频讲解

TCP 是建立可靠连接的协议,并且通信双方都可以以流的形式发送数据。相对 TCP, UDP 则是面向无连接的协议。

使用 UDP 时,不需要建立连接,只需要知道对方的 IP 地址和端口号,就可以直接发数据包。但是,能不能到达就不知道了。虽然用 UDP 传输数据不可靠,但它的优点是和 TCP 比,速度更快,对于不要求可靠到达的数据,就可以使用 UDP。

通过 UDP 传输数据和 TCP 类似,使用 UDP 的通信双方也分为客户端和服务器端。

图 14-3 所示为无连接 UDP 的时序图。

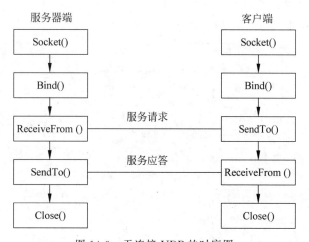

图 14-3 无连接 UDP 的时序图

对于 UDP C/S,客户端并不与服务器端建立一个连接,而仅仅调用函数 SendTo()给服务器端发送数据报。类似地,服务器端也不从客户端接收一个连接,只是调用函数 ReceiveFrom(),等待从客户端来的数据。依照 ReceiveFrom()得到的协议地址以及数据报,服务器就可以给客户送一个应答。

【例 14-1】 编写一个简单的 UDP 演示下棋程序。服务器端把 UDP 客户端发来的下棋(x,y)坐标信息显示出来,并把(x,y)坐标加 1 后(模拟服务器端下棋),再发给 UDP 客户端。

服务器首先需要绑定 8888 端口:

```python
import socket                                          # 导入 Socket 模块
s = socket.socket(socket.AF_INET, socket.SOCK_DGRAM)
s.bind(('127.0.0.1', 8888))                            # 绑定端口
```

创建 Socket 时,SOCK_DGRAM 指定了这个 Socket 的类型是 UDP。绑定端口和 TCP 一样,但是不需要调用 listen()方法,而是直接接收来自任何客户端的数据:

```python
print('Bind UDP on 8888...')
while True:
    #接收数据
    data, addr = s.recvfrom(1024)
    print('Received from %s:%s.' % addr)
    print('received:',data)
    p = data.decode('utf-8').split(",");               # decode()解码,将字节串转换成字符串
    x = int(p[0]);
    y = int(p[1]);
    print(p[0],p[1])
    pos = str(x+1) + "," + str(y+1)                    # 模拟服务器端下棋位置
    s.sendto(pos.encode('utf-8'),addr)                 # 发回客户端
```

recvfrom()方法返回数据和客户端的地址与端口,这样,服务器端收到数据后,直接调用 sendto()就可以把数据用 UDP 发给客户端。

客户端使用 UDP 时,首先仍然创建基于 UDP 的 Socket,然后,不需要调用 connect(),直接通过 sendto()给服务器端发数据:

```python
import socket                                          # 导入 Socket 模块
s = socket.socket(socket.AF_INET, socket.SOCK_DGRAM)
x = input("请输入 x 坐标")
y = input("请输入 y 坐标")
data = str(x) + "," + str(y)
s.sendto(data.encode('utf-8'), ('127.0.0.1', 8888))    # encode()编码,将字符串转换
                                                       # 成传送的字节串
#接收服务器加 1 后坐标数据
data2, addr = s.recvfrom(1024)
print("接收服务器加 1 后坐标数据:", data2.decode('utf-8'))  # decode()解码
s.close()
```

从服务器接收数据仍然调用 recvfrom()方法。

仍然用两个命令行分别启动服务器端和客户端测试,运行效果如图 14-4 和图 14-5 所示。

上面模拟了服务器端和客户端两方下棋时的通信过程,有此基础可以实现基于 UDP 网络五子棋游戏,真正开发出实用的网络程序。

第14章 网络通信案例——基于UDP的网络五子棋

图 14-4　服务器程序运行效果

图 14-5　客户端程序运行效果

14.3.2　自定义网络五子棋游戏通信协议

网络五子棋游戏设计的难点在于与对方需要通信。这里使用了面向非连接的 Socket 编程。Socket 编程用于开发 C/S 结构程序，在这类应用中，客户端和服务器端通常需要先建立连接，然后发送和接收数据，交互完成后需要断开连接。本章的通信采用基于 UDP 的 Socket 编程实现。这里虽然两台计算机不分主次，但在设计时假设一台做服务器端（黑方），等待其他人加入。其他人想加入的时候输入服务器端主机的 IP。为了区分通信中传送的是"输赢信息""下的棋子位置信息""结束游戏"等，在发送信息的首部加上标识。因此定义了如下协议。

(1) move|下的棋子位置坐标(x,y)。

例如："move|7,4"表示对方下子位置坐标(7,4)。

(2) over|那方赢的信息。

例如："over|黑方你赢了"表示黑方赢了。

(3) exit|。

其表示对方离开了，游戏结束。

(4) join|。

其表示连接服务器。

当然可以根据程序功能增加协议，例如悔棋、文字聊天等协议，本程序没有设计"悔棋""文字聊天"功能，所以没定义相应的协议。读者可以自己完善程序。

程序中根据接收的信息（当然都是字符串），通过字符串.split("|")获取消息类型 (move、join、exit 或者 over)，从中区分出"输赢信息 over""下的棋子位置信息 move"等，代码如下：

```python
def receiveMessage():                    # 接收消息函数
    global s
    while True:
        # 接收客户端发送的消息
        global addr
        data, addr = s.recvfrom(1024)
        data = data.decode('utf-8')
        a = data.split("|")              # 分割数据
        if not data:
            print('client has exited!')
            break
        elif a[0] == 'join':             # 连接服务器请求
            print('client 连接服务器!')
            label1["text"] = 'client 连接服务器成功,请你走棋!'
        elif a[0] == 'exit':             # 对方退出信息
            print('client 对方退出!')
            label1["text"] = 'client 对方退出,游戏结束!'
        elif a[0] == 'over':             # 对方赢信息
            print('对方赢信息!')
            label1["text"] = data.split("|")[0]
            showinfo(title = "提示", message = data.split("|")[1] )
        elif a[0] == 'move':             # 客户端走的位置信息,如"move|7,4"
            print('received:', data, 'from', addr)
            p = a[1].split(",")
            x = int(p[0])
            y = int(p[1])
            print(p[0], p[1])
            label1["text"] = "客户端走的位置" + p[0] + p[1]
            drawOtherChess(x, y)         # 画对方棋子
    s.close()
```

掌握通信协议以及单机版五子棋知识后,就可以开发网络五子棋了。

14.4 网络五子棋程序设计的步骤

14.4.1 服务器端程序设计的步骤

1. 主程序

定义含两个棋子图片的列表imgs,创建Window窗口对象root,初始化游戏地图map,绘制15×15游戏棋盘,添加显示提示信息的标签Label,绑定Canvas画布的鼠标和按钮左键单击事件。

同时创建UDP通信服务器端的Socket,绑定在8000端口,启动线程接收客户端的消息receiveMessage(),最后窗口root.mainloop()方法是进入窗口的主循环,也就是显示窗口。

视频讲解

```python
from tkinter import *
from tkinter.messagebox import *
import socket
import threading
import os

root = Tk()
root.title("网络五子棋 V2.0 -- 服务器端")
imgs = [PhotoImage(file = 'D:\bmp\BlackStone.gif'), PhotoImage(file = 'D:\bmp\WhiteStone.gif')]
turn = 0                                    #轮到哪方走棋,0 黑方,1 是白方
Myturn = -1                                 #保存自己的角色,-1 表示还没确定下来
map = [[" "," "," "," "," "," "," "," "," "," "," "," "," "," "," "]for y in range(15)]
cv = Canvas(root, bg = 'green', width = 610, height = 610)
drawQiPan( )                                #绘制 15 * 15 游戏棋盘
cv.bind("<Button-1>", callpos)
cv.pack()
label1 = Label(root,text = "服务器端....")    #显示提示信息
label1.pack()
button1 = Button(root,text = "退出游戏")       #按钮
button1.bind("<Button-1>", callexit)
button1.pack()
#创建 UDP Socket
s = socket.socket(socket.AF_INET,socket.SOCK_DGRAM)
s.bind(('localhost',8000))
addr = ('localhost',8000)
startNewThread()                            #启动线程接收客户端的消息 receiveMessage();
root.mainloop()
```

2. 退出函数

"退出游戏"按钮单击事件代码很简单,仅仅发送一个"exit|"命令协议消息,最后调用 os._exit(0)结束程序。

```python
def callexit(event):                        #退出
    pos = "exit|"
    sendMessage(pos)
    os._exit(0)
```

3. 走棋函数

鼠标单击事件中,完成走棋功能,判断单击位置是否合法,即不能再已有棋的位置单击, 也不能超出游戏棋盘边界,如果合法则将此位置信息记录到 map 列表(数组)中。

同时由于网络对战,第一次走棋时还要确定自己的角色(白方还是黑方),而且还要判断 是否轮到自己走棋。这里使用 Myturn、turn 两个变量解决。

```
Myturn = -1                                 #保存自己的角色
```

Myturn 是-1 表明表示还没确定下来,第一次走棋时修改。

turn 保存轮到谁走棋,如果 turn 是 0 则轮到黑方,如果 turn 是 1 则轮到白方。

最后是本游戏关键输赢判断。程序中调用 win_lose( )函数判断输赢。判断四种情况下是否连成五子,返回 True 或 False。根据当前走棋方 turn 的值(0 为黑方,1 为白方),得出谁赢。

自己走完后,当然轮到对方走棋。

```python
def callpos(event):                                        #走棋
    global turn
    global Myturn
    if Myturn == -1:                                       #第一次确定自己的角色(白方还是黑方)
        Myturn = turn
    else:
        if(Myturn!= turn):
            showinfo(title = "提示",message = "还没轮到自己走棋")
            return
    # print ("clicked at", event.x, event.y,turn)
    x = (event.x)//40                                      #换算棋盘坐标
    y = (event.y)//40
    print ("clicked at", x, y,turn)
    if map[x][y]!= " ":
        showinfo(title = "提示",message = "已有棋子")
    else:
        img1 = imgs[turn]
        cv.create_image((x * 40 + 20,y * 40 + 20),image = img1)   #画自己的棋子
        cv.pack()
        map[x][y] = str(turn)

        pos = str(x) + "," + str(y)
        sendMessage("move|" + pos)
        print("服务器走的位置",pos)
        label1["text"] = "服务器走的位置" + pos

        #输出输赢信息
        if win_lose( ) == True:
            if turn == 0 :
                showinfo(title = "提示",message = "黑方你赢了")
                sendMessage("over|黑方你赢了")
            else:
                showinfo(title = "提示",message = "白方你赢了")
                sendMessage("over|白方你赢了")
        #换下一方走棋
        if turn == 0 :
            turn = 1
        else:
            turn = 0
```

4. 画对方棋子

轮到对方走棋子后,在自己的棋盘上根据 turn 知道对方角色,根据从 Socket 获取对方走棋坐标(x,y),从而画出对方棋子。画出对方棋子后,同样换下一方走棋。

```
def drawOtherChess(x,y):                    #画对方棋子
    global turn
    img1 = imgs[turn]
    cv.create_image((x * 40 + 20, y * 40 + 20), image = img1)
    cv.pack()
    map[x][y] = str(turn)
    #换下一方走棋
    if turn == 0 :
        turn = 1
    else:
        turn = 0
```

5. 画棋盘

drawQiPan( )画 15×15 的五子棋棋盘。

```
def drawQiPan( ):                           #画棋盘
    for i in range(0,15):
        cv.create_line(20,20 + 40 * i,580,20 + 40 * i,width = 2)
    for i in range(0,15):
        cv.create_line(20 + 40 * i,20,20 + 40 * i,580,width = 2)
    cv.pack()
```

6. 输赢判断

win_lose( )从 4 个方向扫描整个棋盘,判断是否连成五颗。

```
def win_lose( ):                            #输赢判断
    #扫描整个棋盘,判断是否连成五颗
    a = str(turn)
    print ("a = ",a)
    for i in range(0,11):                   #0--10
        #判断 X = Y 轴上是否形成五子连珠
        for j in range(0,11):               #0--10
            if map[i][j] == a and map[i + 1][j + 1] == a and map[i + 2][j + 2] == a
                    and map[i + 3][j + 3] == a and map[i + 4][j + 4] == a
:
                print("X = Y 轴上形成五子连珠")
                return True

    for i in range(4,15):                   # 4 To 14
        #判断 X = -Y 轴上是否形成五子连珠
        for j in range(0,11):               #0--10
            if map[i][j] == a and map[i - 1][j + 1] == a and map[i - 2][j + 2] == a
                    and map[i - 3][j + 3] == a and map[i - 4][j + 4] == a:
                print("X = -Y 轴上形成五子连珠")
                return True

    for i in range(0,15):                   #0--14
        #判断 Y 轴上是否形成五子连珠
```

```
                    for j in range(4,15):          # 4 To 14
                        if map[i][j] == a and map[i][j - 1] == a and map[i][j - 2] == a
                                         and map[i][j - 3] == a and map[i][j - 4] == a:
                            print("Y轴上形成五子连珠")
                            return True

    for i in range(0,11):  # 0 -- 10
        # 判断 X 轴上是否形成五子连珠
        for j in range(0,15):  # 0 -- 14
            if map[i][j] == a and map[i + 1][j] == a and map[i + 2][j] == a
                             and map[i + 3][j] == a and map[i + 4][j] == a:
                print("X轴上形成五子连珠")
                return True
    return False
```

7. 输出 map 地图

主要是显示当前棋子信息。

```
def print_map():                                   # 输出 map 地图
    for j in range(0,15):                          # 0 -- 14
        for i in range(0,15):                      # 0 -- 14
            print (map[i][j],end = ' ')
        print ('w')
```

8. 接收消息

本程序关键部分就是接收消息 data,从 data 字符串.split("|")中分割出消息类型（move、join、exit 或者 over）。如果是'join',则是客户端连接服务器请求；如果是'exit',则是对方客户端退出信息；如果是' move ',则是客户端走的位置信息；如果是' over ',则是对方客户端赢的信息。这里重点处理对方走棋信息,如"move|7,4",通过字符串.split(",")分割出(x,y)坐标。

```
def receiveMessage():
    global s
    while True:
        # 接收客户端发送的消息
        global addr
        data, addr = s.recvfrom(1024)
        data = data.decode('utf - 8')
        a = data.split("|")                        # 分割数据
        if not data:
            print('client has exited!')
            break
        elif a[0] == 'join':                       # 连接服务器请求
            print('client 连接服务器!')
            label1["text"] = 'client 连接服务器成功,请你走棋!'
        elif a[0] == 'exit':                       # 对方退出信息
            print('client 对方退出!')
```

```
            label1["text"] = 'client 对方退出,游戏结束!'
        elif a[0] == 'over':                    #对方赢信息
            print('对方赢信息!')
            label1["text"] = data.split("|")[0]
            showinfo(title = "提示",message = data.split("|")[1] )
        elif a[0] == 'move':                    #客户端走的位置信息"move|7,4"
            print('received:',data,'from',addr)
            p = a[1].split(",")
            x = int(p[0]);
            y = int(p[1]);
            print(p[0],p[1])
            label1["text"] = "客户端走的位置" + p[0] + p[1]
            drawOtherChess(x,y)                 #画对方棋子
    s.close()
```

9. 发送消息

发送消息代码很简单,仅仅调用 Socket 的 sendto()函数,就可以把按协议写的字符串信息发出。

```
def sendMessage(pos):                           #发送消息
    global s
    global addr
    s.sendto(pos.encode(),addr)
```

10. 启动线程接收客户端的消息

```
#启动线程接收客户端的消息
def startNewThread( ):
    #启动一个新线程来接收客户器端的消息
    #thread.start_new_thread(function,args[,kwargs])函数原型
    #其中 function 参数是将要调用的线程函数,args 是传递给线程函数的参数,它必须是元
    组类型,而 kwargs 是可选的参数
    #receiveMessage()函数不需要参数,就传一个空元组
    thread = threading.Thread(target = receiveMessage,args = ())
    thread.setDaemon(True);
    thread.start();
```

至此就完成服务器端程序设计。图 14-6 是服务器端走棋过程打印的输出信息。网络五子棋客户端程序设计基本与服务器端代码相似,主要区别在消息处理上。

14.4.2 客户端程序设计的步骤

1. 主程序

定义含两个棋子图片的列表 imgs,创建 Window 窗口对象 root,初始化游戏地图 map,绘制 15×15 游戏棋盘,添加显示提示信息的标签 Label,绑定 Canvas 画布的鼠标和按钮左键单击事件。

同时创建 UDP 通信客户端的 Socket,这里不指定端口会自动绑定某个空闲端口,因为

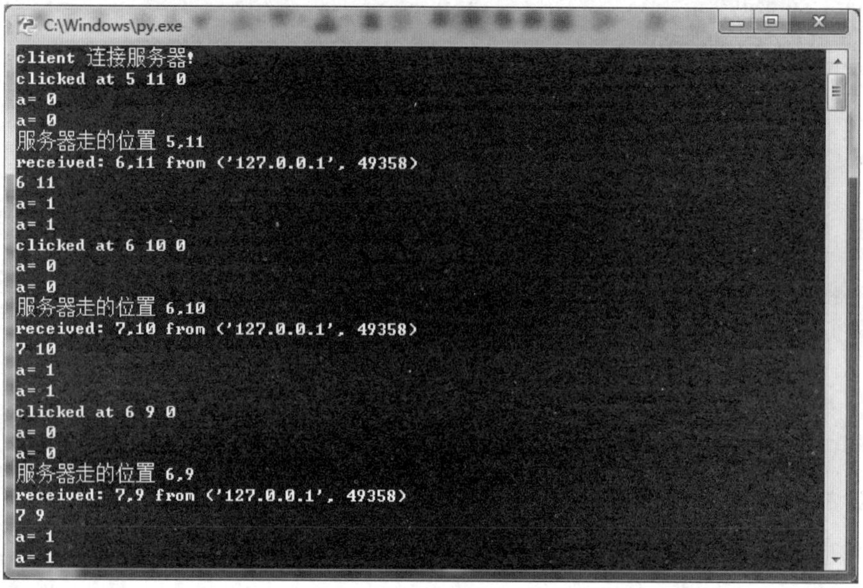

图 14-6 服务器端走棋过程打印的输出信息

是客户端 Socket 需要指定服务器端的 IP 和端口号,并发出连接服务器端请求。

启动线程接收服务器端的消息 receiveMessage(),最后窗口 root.mainloop()方法是进入窗口的主循环,也就是显示窗口。

```
from tkinter import *
from tkinter.messagebox import *
import socket
import threading
import os

root = Tk()
root.title(" 网络五子棋 V2.0 -- UDP 客户端")
imgs = [PhotoImage(file = 'D:\ bmp\BlackStone.gif'), PhotoImage(file = 'D:\bmp\WhiteStone.gif')]
turn = 0
Myturn = -1

map = [[" "," "," "," "," "," "," "," "," "," "," "," "," "," "," "]for y in range(15)]
cv = Canvas(root, bg = 'green', width = 610, height = 610)
drawQiPan( )
cv.bind("<Button-1>", callback)
cv.pack( )
label1 = Label(root,text = "客户端....")
label1.pack( )
button1 = Button(root,text = "退出游戏")
button1.bind("<Button-1>", callexit)
button1.pack( )
# 创建 UDP SOCKET
s = socket.socket(socket.AF_INET,socket.SOCK_DGRAM)
```

```
port = 8000                        #服务器端口
host = 'localhost'                 #服务器地址 '192.168.0.101
pos = 'join|'                      #"连接服务器"命令
sendMessage(pos);                  #发送连接服务器请求
startNewThread()                   #启动线程接收服务器端的消息 receiveMessage();
root.mainloop()
```

2. 退出函数

"退出游戏"按钮单击事件代码很简单,仅仅发送一个"exit|"命令协议消息,最后调用 os._exit(0)结束程序。

```
def callexit(event):               #退出
    pos = "exit|"
    sendMessage(pos)
    os._exit(0)
```

3. 走棋函数

功能同服务器端,仅仅是提示信息不同。

```
def callback(event):               #走棋
    global turn
    global Myturn
    if Myturn == -1:               #第一次确定自己的角色(白方还是黑方)
        Myturn = turn
    else:
        if(Myturn!= turn):
            showinfo(title = "提示",message = "还没轮到自己走棋")
            return
    #print ("clicked at", event.x, event.y,turn)
    x = (event.x)//40              #换算棋盘坐标
    y = (event.y)//40
    print ("clicked at", x, y,turn)
    if map[x][y]!= " ":
        showinfo(title = "提示",message = "已有棋子")
    else:
        img1 = imgs[turn]
        cv.create_image((x * 40 + 20,y * 40 + 20), image = img1)
        cv.pack()
        map[x][y] = str(turn)

        pos = str(x) + "," + str(y)
        sendMessage("move|" + pos)
        print("客户端走的位置",pos)
        label1["text"] = "客户端走的位置" + pos

        #输出输赢信息
        if win_lose( ) == True:
            if turn == 0 :
```

```
                    showinfo(title = "提示",message = "黑方你赢了")
                    sendMessage("over|黑方你赢了")
                else:
                    showinfo(title = "提示",message = "白方你赢了")
                    sendMessage("over|白方你赢了")
        #换下一方走棋
        if turn == 0 :
            turn = 1
        else:
            turn = 0
```

4. 画棋盘

drawQiPan( )画 15×15 的五子棋棋盘。

```
drawQiPan( )画 15 * 15 的五子棋棋盘.
def drawQiPan( ):                              #画棋盘
    for i in range(0,15):
        cv.create_line(20,20 + 40 * i,580,20 + 40 * i,width = 2)
    for i in range(0,15):
        cv.create_line(20 + 40 * i,20,20 + 40 * i,580,width = 2)
    cv.pack()
```

5. 输赢判断

win_lose()从 4 个方向扫描整个棋盘,判断是否连成五颗。功能同服务器端,代码没有区别,此处省略代码。

6. 接收消息

接收消息 data,从 data 字符串.split("|")中分割出消息类型(move、join、exit 或者 over)。功能同服务器端没有区别,仅仅是没'join'消息类型,因为客户端是连接服务器,而服务器不会连接客户端,所以少了一个'join'消息类型判断。

```
def receiveMessage():                          #接收消息
    global s
    while True:
        data = s.recv(1024).decode('utf - 8')
        a = data.split("|")                    #分割数据
        if not data:
            print('server has exited!')
            break
        elif a[0] == 'exit':                   #对方退出信息
            print('对方退出!')
            label1["text"] = '对方退出,游戏结束!'
        elif a[0] == 'over':                   #对方赢信息
            print('对方赢信息!')
            label1["text"] = data.split("|")[0]
            showinfo(title = "提示",message = data.split("|")[1] )
        elif a[0] == 'move':                   #服务器走的位置信息
```

```
            print('received:',data)
            p = a[1].split(",")
            x = int(p[0]);
            y = int(p[1]);
            print(p[0],p[1])
            label1["text"] = "服务器走的位置" + p[0] + p[1]
            drawOtherChess(x,y)           #画对方棋子,函数代码同服务器端
    s.close()
```

7. 发送消息

发送消息代码很简单,仅仅调用Socket的sendto()函数,就可以把按协议写的字符串信息发出。

```
def sendMessage(pos):                    #发送消息
    global s
    s.sendto(pos.encode(),(host,port))
```

8. 启动线程接收客户端的消息

```
#启动线程接收端的消息
def startNewThread():
        #启动一个新线程来接收服务器端的消息
        #thread.start_new_thread(function,args[,kwargs])函数原型
        #其中function参数是将要调用的线程函数,args是传递给线程函数的参数,它必须是元组类型,而kwargs是可选的参数
        #receiveMessage()函数不需要参数,就传一个空元组
        thread = threading.Thread(target = receiveMessage,args = ())
        thread.setDaemon(True);
        thread.start();
```

至此完成客户端程序设计。掌握以上技术后,请读者思考基于UDP的网络象棋的实现。

第15章

视频讲解

爬虫应用——校园网搜索引擎

15.1 校园网搜索引擎功能分析

随着校园网建设的迅速发展,校园网内的信息量正在以惊人的速度增加着。如何更全面、更准确地获取最新、最有效的信息已经成为人们把握机遇、迎接挑战和获取成功的重要条件。目前虽然已经有了像 Google、百度这样优秀的通用搜索引擎,但是它们并不能适用于所有的情况和需要。对学术搜索、校园网的搜索来说,一个合理的排序结果是非常重要的。另外,由于互联网上信息量之大,远远超出哪怕是最大的一个搜索引擎可以完全收集的能力范围。本章旨在使用 Python 建立一个适合校园网使用的 Web 搜索引擎系统,它能在较短时间内爬取页面信息,具有有效、准确的中文分词功能,实现对校园网上新闻信息的快速检索展示。

15.2 校园网搜索引擎系统设计

校园网搜索引擎一般需要如下几个步骤:

(1) 网络爬虫爬取这个网站,得到所有网页链接。

网络爬虫就是一只会嗅着 URL(链接)爬过成千上万网页,并把网页内容搬到用户计算机上供用户使用的苦力虫子。如图 15-1 所示,给定爬虫的出发页面 A 的 URL,它就从起始页 A 出发,读取 A 的所有内容,并从中找到 5 个 URL,分别指向页面 B、C、D、E 和 F,然后它就顺着链接依次抓取 B、C、D、E 和 F 页面的内容,并从中发现新的链接,然后沿着链接爬到新的页面,对爬虫带回来的网页内容继续进行分析链接,继续爬到新的页面……,直到找不到新的链接或者满足了人为设定的停止条件为止。

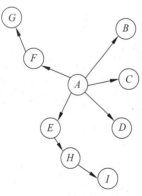

图 15-1 网站链接示意图

至于这只虫子前进的方式,则分为广度优先搜索(BFS)和深度优先搜索(DFS)。在这张图中 BFS 的搜索顺序是 A-B-C-D-E-F-G-H-I,而深度优先搜索的顺序是遍历的路径:A-F-G E-H-I B C D。

(2) 得到网页的源代码,解析剥离出想要的新闻内容、标题、作者等信息。

(3) 把所有网页的新闻内容做成词条索引,一般采用倒排索引。

索引一般有正排索引(正向索引)和倒排索引(反向索引)。

正排索引(正向索引,forward index):正排表是以文档的 ID 为关键字,表中记录文档(即网页)中每个字或词的位置信息,查找时扫描表中每个文档中字或词的信息,直到找出所有包含查询关键字的文档。

正排表结构如图 15-2 所示,这种组织方法在建立索引的时候结构比较简单,建立比较方便且易于维护;因为索引是基于文档建立的,若是有新的文档加入,则直接为该文档建立一个新的索引块,挂接在原来索引文件的后面。若是有文档删除,则直接找到该文档号文档对应的索引信息,将其直接删除。但是在查询的时候需对所有的文档进行扫描以确保没有遗漏,这样就使得检索时间大大延长,检索效率低下。

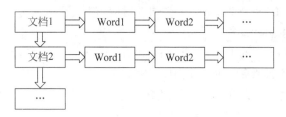

图 15-2　正排表结构示意图

尽管正排表的工作原理非常的简单,但是由于其检索效率太低,除非在特定情况下,否则实用性价值不大。

倒排索引(反向索引,inverted index):倒排表以字或词为关键字进行索引,表中关键字所对应的记录表项记录了出现这个字或词的所有文档,一个表项就是一个字表段,它记录该文档的 ID 和字符在该文档中出现的位置情况。

由于每个字或词对应的文档数量在动态变化,所以倒排表的建立和维护都较为复杂,但是在查询的时候由于可以一次得到查询关键字所对应的所有文档,所以效率高于正排表。在全文检索中,检索的快速响应是一个最为关键的性能,而索引建立由于在后台进行,尽管效率相对低一些,但不会影响整个搜索引擎的效率。

倒排表的结构如图 15-3 所示。

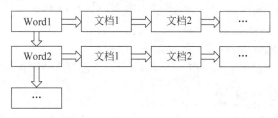

图 15-3　倒排表结构示意图

正排索引是从文档到关键字的映射(已知文档求关键字),倒排索引是从关键字到文档的映射(已知关键字求文档)。

在搜索引擎中每个文件都对应一个文件 ID,文件内容被表示为一系列关键词的集合(实际上在搜索引擎索引库中,关键词也已经转换为关键词 ID)。例如"文档1"经过分词,提取了 20 个关键词,每个关键词都会记录它在文档中的出现次数和出现位置,得到正向索引的结构如下:

"文档1"的 ID>单词1:出现次数,出现位置列表;单词2:出现次数,出现位置列表;……。

"文档2"的 ID>此文档出现的关键词列表。

当用户搜索关键词"华为手机"时,假设只存在正向索引,那么就需要扫描索引库中的所有文档,找出所有包含关键词"华为手机"的文档,再根据打分模型进行打分,排出名次后呈现给用户。因为互联网上收录在搜索引擎中的文档的数目是个天文数字,这样的索引结构根本无法满足实时返回排名结果的要求。

所以,搜索引擎会将正向索引重新构建为倒排索引,即把文件 ID 对应到关键词的映射转换为关键词到文件 ID 的映射,每个关键词都对应着一系列的文件,这些文件中都出现这个关键词,得到倒排索引的结构如下:

"关键词1":"文档1"的 ID,"文档2"的 ID,……。

"关键词2":带有此关键词的文档 ID 列表。

(4) 搜索时,根据搜索词在词条索引里查询,按顺序返回相关的搜索结果。也可以按网页评价排名顺序返回相关的搜索结果。

当用户输入一串搜索字符串时,程序会先进行分词,然后再依照每个词的索引找到相应网页。比如在搜索框中输入"从前有座山山里有座庙小和尚",搜索引擎首先会对字符串进行分词处理"从前/有/座山/山里/有/座庙/小和尚",然后按照一定规则对词做布尔运算,比如每个词之间做"与"运算,然后在索引里搜索"同时"包含这些词的页面。

所以本系统主要由 4 个模块组成:信息采集模块、建立索引模块、网页排名模块以及用户搜索界面模块。

(1) 信息采集模块:主要是利用网络爬虫实现对校园网信息的抓取。

(2) 建立索引模块:负责对爬取的新闻网页的标题、内容和作者进行分词并建立倒排词表。

(3) 网页排名模块:负责采用最简单 TF/IDF 统计方法,用以评估一个字词对于一个文件集或一个语料库中的其中一份文件的重要程度。

(4) 用户搜索界面模块:负责用户关键字的输入以及搜索结果信息的返回。

15.3 关键技术

15.3.1 正则表达式

把网页中的超链接提取出来需要使用正则表达式。那么什么是正则表达式?在回答这个问题之前先来看看为什么要有正则表达式。

第15章 爬虫应用——校园网搜索引擎

在编程处理文本的过程中，经常会需要按照某种规则去查找一些特定的字符串。例如知道一个网页上的图片都是叫作"image/8554278135.jpg"之类的名字，只是那串数字不一样；又或者在一堆人员电子档案中，要把他们的电话号码全部找出来，整理成通讯录。诸如此类工作，可不可以利用这些规律，让程序自动来做这些事情？答案是肯定的。这时候就需要一种描述这些规律的方法，正则表达式就是描述文本规则的代码。

正则表达式是一种用来匹配字符串文本的强有力的武器。它是用一种描述性的语言来给字符串定义一个规则，凡是符合规则的字符串，就认为它"匹配"了，否则该字符串就是不合法的。

1. 正则表达式语法

正则表达式并不是 Python 中特有的功能，它是一种通用的方法。要使用它必须会用正则表达式来描述文本规则。

正则表达式使用特殊的语法来表示，表 15-1 列出了正则表达式语法。

表 15-1 正则表达式语法

模 式	描 述
^	匹配字符串的开头
$	匹配字符串的末尾
.	匹配任意字符，除了换行符
[...]	用来表示一组字符。例如[amk]匹配 a、m 或 k；[0-9]匹配任何数字，类似于[0123456789]；[a-z]匹配任何小写字母；[a-zA-Z0-9]匹配任何字母及数字
[^...]	不在[]中的字符。例如[^abc]匹配除了 a、b、c 之外的字符。[^0-9]匹配除了数字外的字符
*	数量词，匹配 0 个或多个
+	数量词，匹配 1 个或多个
?	数量词，非贪婪方式匹配 0 个或 1 个
{n,}	重复 n 次或更多次
{n, m}	重复 n~m 次
a|b	匹配 a 或 b
(re)	G 匹配括号内的表达式，也表示一个组
(? imx)	正则表达式包含三种可选标志：i、m、或 x。只影响括号中的区域
(? -imx)	正则表达式关闭 i、m 或 x 可选标志。只影响括号中的区域
(?: re)	类似(...)，但是不表示一个组
(? imx: re)	在括号中使用 i、m 或 x 可选标志
(? -imx: re)	在括号中不使用 i、m 或 x 可选标志
(? = re)	前向肯定界定符。如果所含正则表达式，以...表示，在当前位置成功匹配时成功，否则失败。一旦所含表达式已经尝试，匹配引擎根本没有提高，模式的剩余部分还要尝试界定符的右边
(?! re)	前向否定界定符。与肯定界定符相反，当所含表达式不能在字符串当前位置匹配时成功
(? > re)	匹配的独立模式，省去回溯
\w	匹配字母数字及下画线，等价于[A-Za-z0-9_]
\W	匹配非字母数字及下画线，等价于[^A-Za-z0-9_]。
\s	匹配任何空白字符，包括空格、制表符、换页符等。等价于[\f\n\r\t\v]
\S	匹配任何非空白字符。等价于 [^\f\n\r\t\v]

续表

模式	描述
\d	匹配任意数字，等价于[0-9]
\D	匹配任意非数字，等价于[^0-9]
\A	匹配字符串开始
\Z	匹配字符串结束，如果是存在换行，则只匹配到换行前的结束字符串
\z	匹配字符串结束
\G	匹配最后匹配完成的位置
\b	匹配一个单词边界，也就是指单词和空格间的位置。例如，'er\b'可以匹配"never"中的'er'，但不能匹配"verb"中的'er'
\B	匹配非单词边界。'er\B'能匹配"verb"中的'er'，但不能匹配"never"中的'er'
\n, \t,等	匹配一个换行符、一个制表符等

正则表达式通常用于在文本中查找匹配的字符串。Python里数量词默认是贪婪的，总是尝试匹配尽可能多的字符；非贪婪的则相反，总是尝试匹配尽可能少的字符。例如：正则表达式"ab*"如果用于查找"abbbc"，将找到"abbb"；而如果使用非贪婪的数量词"ab*?"，将找到"a"。

在正则表达式中，如果直接给出字符，就是精确匹配。从正则表达式语法中可见用\d可以匹配一个数字，\w可以匹配一个字母或数字，.可以匹配任意字符。所以：

模式'00\d'可以匹配'007'，但无法匹配'00A'；

模式'\d\d\d'可以匹配'010'；

模式'\w\w\d'可以匹配'py3'；

模式'py.'可以匹配'pyc'、'pyo'、'py!'等。

要匹配变长的字符，在正则表达式模式字符串中，用*表示任意个（包括0个）字符，用+表示至少一个字符，用?表示0个或1个字符，用{n}表示n个字符，用{n,m}表示n~m个字符。来看一个复杂的表示电话号码例子：\d{3}\s+\d{3,8}。

从左到右解读一下：

\d{3}表示匹配3个数字，例如'010'；

\s可以匹配一个空格（也包括Tab等空白符），所以\s+表示至少有一个空格；

\d{3,8}表示3~8个数字，例如'67665230'。

综合起来，上面的正则表达式可以匹配以任意个空格隔开的带区号的电话号码。

如果要匹配'010-67665230'这样的号码呢？由于'-'是特殊字符，在正则表达式中，要用'\'转义，所以，上面的正则表达式是\d{3}\-\d{3,8}。

如果要做更精确的匹配，可以用[]表示范围，例如：

[0-9a-zA-Z_]可以匹配一个数字、字母或者下画线；

[0-9a-zA-Z_]+可以匹配至少由一个数字、字母或者下画线组成的字符串，如'a100'、'0_Z'、'Py3000'等；

[a-zA-Z_][0-9a-zA-Z_]*可以匹配由字母或下画线开头，后接任意个由一个数字、字母或者下画线组成的字符串，也就是Python合法的变量；

[a-zA-Z_][0-9a-zA-Z_]{0,19}更精确地限制了变量的长度是1~20个字符（前面一

个字符+后面最多19个字符）。

A|B可以匹配A或B，所以(P|p)ython可以匹配'Python'或者'python'。

^表示行的开头，^\d表示必须以数字开头。

$表示行的结束，\d$表示必须以数字结束。

2．re模块

Python提供re模块，包含所有正则表达式的功能。

1) match()方法

re.match()格式为：

```
re.match(pattern, string, flags)
```

其中，第一个参数是正则表达式；第二个参数表示要匹配的字符串；第三个参数是标志位，用于控制正则表达式的匹配方式，如是否区分大小写、多行匹配等。

match()方法判断是否匹配，如果匹配成功，则返回一个Match对象，否则返回None。常见的判断方法就是：

```
test = '用户输入的字符串'
if re.match(r'正则表达式', test):     #r前缀为原义字符串，它表示对字符串不进行转义
    print('ok')
else:
    print('failed')
```

例如：

```
>>> import re
>>> re.match(r'^\d{3}\-\d{3,8}$', '010-12345')     #返回一个Match对象
<_sre.SRE_Match object; span=(0, 9), match='010-12345'>
>>> re.match(r'^\d{3}\-\d{3,8}$', '010 12345')     #'010 12345'不匹配规则，返回None
```

Match对象是一次匹配的结果，包含了很多关于此次匹配的信息，可以使用Match提供的可读属性或方法来获取这些信息。

Match属性如下。

string：匹配时使用的文本。

re：匹配时使用的Pattern对象。

pos：文本中正则表达式开始搜索的索引。值与Pattern.match()和Pattern.seach()方法的同名参数相同。

endpos：文本中正则表达式结束搜索的索引。值与Pattern.match()和Pattern.seach()方法的同名参数相同。

lastindex：最后一个被捕获的分组在文本中的索引。如果没有被捕获的分组，将为None。

lastgroup：最后一个被捕获的分组的别名。如果这个分组没有别名或者没有被捕获的分组，将为None。

Match方法如下。

group([group1,…]):获得一个或多个分组截获的字符串;指定多个参数时将以元组形式返回。参数 group1 可以使用编号也可以使用别名;编号 0 代表整个匹配的子串;不填写参数时,返回 group(0);没有截获字符串的组返回 None;截获了多次的组返回最后一次截获的子串。

groups([default]):以元组形式返回全部分组截获的字符串。相当于调用 group(1,2,…last)。default 表示没有截获字符串的组以这个值替代,默认为 None。

groupdict([default]):返回以有别名的组的别名为键、以该组截获的子串为值的字典,没有别名的组不包含在内。default 含义同上。

start([group]):返回指定的组截获的子串在 string 中的起始索引(子串第一个字符的索引)。group 默认值为 0。

end([group]):返回指定的组截获的子串在 string 中的结束索引(子串最后一个字符的索引+1)。group 默认值为 0。

span([group]):返回(start(group),end(group))。

【例 15-1】 Match 对象相关属性和方法的示例程序。

```
import re
t = "19:05:25"
m = re.match(r'^(\d\d)\:(\d\d)\:(\d\d) $ ', t)           #r 原义
print ("m.string:", m.string)            # m.string: 19:05:25
print (m.re)                             # re.compile('^(\\d\\d)\\:(\\d\\d)\\:((\\d\\d)) $ ')
print ( "m.pos:", m.pos)                 # m.pos: 0
print ( "m.endpos:", m.endpos)           # m.endpos: 8
print ( "m.lastindex:", m.lastindex)     # m.lastindex: 3
print ( "m.lastgroup:", m.lastgroup)     # m.lastgroup: None
print ( "m.group(0):", m.group(0) )      # m.group(0): 19:05:25
print ( "m.group(1,2):", m.group(1, 2) ) # m.group(1,2): ('19', '05')
print ( "m.groups():", m.groups())       # m.groups():('19', '05', '25')
print ( "m.groupdict():", m.groupdict()) # m.groupdict(): {}
print ( "m.start(2):", m.start(2) )      # m.start(2): 3
print ( "m.end(2):", m.end(2) )          # m.end(2): 5
print ( "m.span(2):", m.span(2) )        # m.span(2): (3, 5)
```

2) 分组

除了简单地判断是否匹配之外,正则表达式还有提取子串的强大功能。用()表示的就是要提取的分组(Group)。例如,^(\d{3})-(\d{3,8})$ 分别定义了两个组,可以直接从匹配的字符串中提取出区号和本地号码:

```
>>> m = re.match(r'^(\d{3}) - (\d{3,8}) $ ', '010 - 12345')
>>> m.group(0)             # '010 - 12345'
>>> m.group(1)             # '010'
>>> m.group(2)             # '12345'
```

如果正则表达式中定义了组,就可以在 Match 对象上用 group()方法提取出子串来。注意,group(0)永远是原始字符串,group(1)、group(2)、……表示第 1、2、…、个子串。

3) 切分字符串

用正则表达式切分字符串比用固定的字符更灵活。请看普通字符串的切分代码：

```
>>> 'a b  c'.split(' ')              # split(' ')按空格分割
['a', 'b', '', '', 'c']
```

其结果是无法识别连续的空格。可以使用re.split()方法来分割字符串，如：
re.split(r'\s+', text)将字符串按空格分割成一个单词列表。

```
>>> re.split(r'\s+', 'a b  c')       # 用正则表达式
['a', 'b', 'c']
```

无论多少个空格都可以正常分割。
再如分隔符既有空格又有逗号,分号的情况：

```
>>> re.split(r'[\s\,]+', 'a,b, c d')       # 可以识别空格,逗号
['a', 'b', 'c', 'd']
>>> re.split(r'[\s\,\;]+', 'a,b;; c d')    # 可以识别空格,逗号,分号
['a', 'b', 'c', 'd']
```

4) search()和findall()方法

re.match()总是从字符串"开头"去匹配,并返回匹配的字符串的Match对象。所以当用re.match()去匹配非"开头"部分的字符串时,会返回NONE。

```
str1 = 'Hello World!'
print(re.match(r'World',str1))              # 结果为:NONE
```

如果想在字符串内任意位置去匹配请用re.search()或re.findall()。
re.search()将对整个字符串进行搜索,并返回第一个匹配的字符串的Match对象。

```
str1 = 'Hello World!'
print(re.search(r'World',str1))
```

输出结果：

```
<_sre.SRE_Match object; span=(6, 11), match='World'>
```

re.findall()函数将返回一个所有匹配的字符串的字符串列表。

```
str1 = 'Hi, I am Shirley Hilton. I am his wife.'
>>> print(re.search(r'hi',str1))
```

输出结果将是：

```
<_sre.SRE_Match object; span=(10, 12), match='hi'>
>>> re.findall(r'hi',str1)
```

输出结果将是：

```
['hi', 'hi']
```

这两个"hi"分别来自"Shirley"和"his"。默认情况下正则表达式是严格区分大小写的，所以"Hi"和"Hilton"中的"Hi"被忽略了。

如果只想找到"hi"这个单词，而不把包含它的单词也算在内，那就可以使用"\bhi\b"这个正则表达式。"\b"在正则表达式中表示单词的开头或结尾，空格、标点、换行都算是单词的分割。而"\b"自身又不会匹配任何字符，它代表的只是一个位置。所以单词前后的空格、标点之类不会出现在结果里。

在前面那个例子里，"\bhi\b"匹配不到任何结果，因为没有单词 hi（"Hi"不是，严格区分大小写的）。但"\bhi"就可以匹配到一个"hi"，出自"his"。

15.3.2 中文分词

在英文中，单词之间是以空格作为自然分界符的。而中文只是句子和段可以通过明显的分界符来简单划分，唯独词没有一个形式上的分界符。虽然也同样存在短语之间的划分问题，但是在词这一层上，中文要比英文复杂得多。

中文分词就是将连续的字序列按照一定的规范重新组合成词序列的过程。中文分词是网页分析索引的基础。分词的准确性对搜索引擎来说十分重要，如果分词速度太慢，即使再准确，对于搜索引擎来说也是不可用的，因为搜索引擎需要处理很多的网页，如果分析消耗的时间过长，会严重影响搜索引擎内容更新的速度。因此，搜索引擎对于分词的准确率和速率都提出了很高的要求。

jieba 中文分词是一个支持中文分词、高准确率、高效率的 Python 中文分词组件，支持繁体分词和自定义词典。jieba 中文分词支持三种分词模式：

（1）精确模式：试图将句子最精确地切开，适合文本分析；

（2）全模式：把句子中所有可以成词的词语都扫描出来，速度非常快，但是不能解决歧义；

（3）搜索引擎模式：在精确模式的基础上，对长词再次切分，提高召回率，适合用于搜索引擎分词。

15.3.3 安装和使用 jieba

在命令行输入以下代码：

```
pip install jieba
```

出现如下提示则安装成功：

```
Installing collected packages: jieba
  Running setup.py install for jieba ... done
Successfully installed jieba-0.38
```

组件提供 jieba.cut()方法用于分词，cut()方法接收两个输入参数：

（1）第一个参数为需要分词的字符串；

（2）cut_all 参数用来控制分词模式。

jieba.cut()返回的结果是一个可迭代的生成器(generator),可以使用 for 循环来获得分词后得到的每一个词语,也可以用 list(jieba.cut(...))转化为 list 列表。

【例 15-2】 jieba 分词的使用示例。

```
import jieba
seg_list = jieba.cut("我来到北京清华大学", cut_all = True)        #全模式
print( "Full Mode:", '/'.join(seg_list))
seg_list = jieba.cut("我来到北京清华大学")                #默认是精确模式,或者 cut_all = false
print(type(seg_list))                                    #<class 'generator'>
print("Default Mode:", '/'.join(seg_list))
seg_list = jieba.cut_for_search("我来到北京清华大学")       #搜索引擎模式
print("搜索引擎模式:", '/'.join(seg_list))
seg_list = jieba.cut("我来到北京清华大学")
for word in seg_list:
    print(word,end = ' ')
```

运行结果:

```
Building prefix dict from the default dictionary ...
Loading model from cache C:\Users\ADMINI~1\AppData\Local\Temp\jieba.cache
Loading model cost 1.648 seconds.
Prefix dict has been built succesfully.
Full Mode: 我/来到/北京/清华/清华大学/华大/大学
<class 'generator'>
Default Mode: 我/来到/北京/清华大学
搜索引擎模式:我/来到/北京/清华/华大/大学/清华大学
我 来到 北京 清华大学
```

jieba.cut_for_search()方法仅一个参数,为分词的字符串。该方法适合用于搜索引擎构造倒排索引的分词,粒度比较细。

15.3.4 jieba 添加自定义词典

"国家 5A 级景区"存在很多与旅游相关的专有名词,举个例子:
[输入文本]故宫的著名景点包括乾清宫、太和殿和黄琉璃瓦等
[精确模式]故宫/的/著名景点/包括/乾/清宫/、/太和殿/和/黄/琉璃瓦/等
[全模式] 故宫/的/著名/著名景点/景点/包括/乾/清宫/太和/太和殿/和/黄/琉璃/琉璃瓦/等

显然,专有名词"乾清宫""太和殿""黄琉璃瓦"(假设为一个文物)可能因分词而分开,这也是很多分词工具的又一个缺陷。但是 jieba 分词支持开发者使用自定义词典,以便包含 jieba 词库里没有的词语。虽然 jieba 有新词识别能力,但自行添加新词可以保证更高的正确率,尤其是专有名词。

基本用法:

```
jieba.load_userdict(file_name)          #file_name 为自定义词典的路径
```

词典格式是一个词占一行;每一行分三部分,一部分为词语,另一部分为词频,最后为

词性(可省略,jieba 的词性标注方式和 ICTCLAS 的标注方式一样。ns 为地点名词,nz 为其他专用名词,a 是形容词,v 是动词,d 是副词),三部分用空格隔开。例如如下自定义词典 dict.txt:

```
乾清宫 5 ns
黄琉璃瓦 4
云计算 5
李小福 2 nr
八一双鹿 3 nz
凯特琳 2 nz
import jieba
```

下面是导入自定义词典后再分词。

```
jieba.load_userdict("dict.txt")                    #导入自定义词典
text = "故宫的著名景点包括乾清宫、太和殿和黄琉璃瓦等"
seg_list = jieba.cut(text, cut_all = False)        #精确模式
print ("[精确模式]: ", "/".join(seg_list))
```

输出结果如下所示,其中专有名词连在一起,即"乾清宫"和"黄琉璃瓦"。

```
[精确模式]:故宫/ 的/ 著名景点/ 包括/ 乾清宫/ 、太和殿/ 和/ 黄琉璃瓦/ 等
```

15.3.5　文本分类的关键词提取

文本分类时,在构建 VSM(向量空间模型)过程或者把文本转换成数学形式计算中,需要运用关键词提取技术,jieba 可以简便地提取关键词。

基本用法:

```
jieba.analyse.extract_tags(sentence, topK = 20, withWeight = False, allowPOS = ())
```

需要先导入 jieba.analyse。其中,sentence 为待提取的文本。topK 为返回几个 TF/IDF 权重最大的关键词,默认值为 20。withWeight 为是否一并返回关键词权重值,默认值为 False。allowPOS 仅包含指定词性的词,默认值为空,即不进行筛选。

【例 15-3】 jieba 提取关键词的使用示例。

```
import jieba,jieba.analyse
jieba.load_userdict("dict.txt")                                    #导入自定义词典
text = "故宫的著名景点包括乾清宫、太和殿和午门等。其中乾清宫非常精美,午门是紫禁城的正门,午门居中向阳。"
seg_list = jieba.cut(text, cut_all = False)
print ("分词结果:", "/".join(seg_list))                             #精确模式
tags = jieba.analyse.extract_tags(text, topK = 5)                  #获取关键词
print ("关键词:", " ".join(tags))
tags = jieba.analyse.extract_tags(text, topK = 5,withWeight = True) #返回关键词权重值
print (tags)
```

输出结果如下:

分词结果：故宫/的/著名景点/包括/乾清宫/、/太和殿/和/午门/等/。/其中/乾清宫/非常/精美/，/午门/是/紫禁城/的/正门/，/午门/居中/向阳/。
关键词：午门 乾清宫 著名景点 太和殿 向阳
[('午门', 1.5925323525975001), ('乾清宫', 1.4943459378625), ('著名景点', 0.86879235325), ('太和殿', 0.63518800210625), ('向阳', 0.578517922051875)]

其中"午门"出现 3 次，"乾清宫"出现 2 次，"著名景点"出现 1 次。如果 topK＝5，按照顺序输出提取 5 个关键词，则输出：午门 乾清宫 著名景点 太和殿 向阳。

```
jieba.analyse.TFIDF(idf_path = None)        # 新建 TF/IDF 实例,idf_path 为 IDF 频率文件
```

关键词提取所使用逆向文件频率（IDF）文本语料库可以切换成自定义语料库的路径。

```
jieba.analyse.set_idf_path(file_name)       # file_name 为自定义语料库的路径
```

关键词提取所使用停止词（stop words）文本语料库可以切换成自定义语料库的路径。

说明：TF/IDF 是一种统计方法，用以评估一个字词对于一个文件集或一个语料库中的其中一份文件的重要程度。字词的重要性随着它在文件中出现的次数成正比增加，但同时会随着它在语料库中出现的频率成反比下降。TF/IDF 的主要思想是：如果某个词或短语在一篇文章中出现的频率 TF 高，并且在其他文章中很少出现，则认为此词或者短语具有很好的类别区分能力，适合用来分类。

15.3.6 deque

deque（double-ended queue 的缩写，双向队列）类似于 list 列表，位于 Python 标准库 collections 中。它提供了两端都可以操作的序列，这意味着，在序列的前后都可以执行添加或删除操作。

1. 创建双向队列

```
from collections import deque
d = deque()
```

2. 添加元素

```
d = deque()
d.append(3)
d.append(8)
d.append(1)
```

那么此时 d＝deque([3,8,1])，len(d)＝3，d[0]＝3，d[-1]＝1。

deque 支持从任意一端添加元素。append()从右端添加一个元素，appendleft()从左端添加一个元素。

3. 两端都使用 pop

```
d = deque(['1', '2', '3', '4', '5'])
```

d. pop()抛出的是'5',d. popleft()抛出的是'1'。可见,默认 pop()抛出的是最后一个元素。

4. 限制双向队列的长度

```
d = deque(maxlen = 20)
for i in range(30):
    d.append(str(i))
```

此时 d=deque(['10','11','12','13','14','15','16','17','18','19','20','21','22','23','24','25','26','27','28','29'], maxlen=20。可见,当限制长度的 deque 增加超过限制数的项时,另一边的项会自动删除。

5. 添加 list 各项到双向队列中

```
d = deque([1,2,3,4,5])
d.extend([0])
```

那么此时 d=deque([1,2,3,4,5,0])。

```
d.extendleft([6,7,8])
```

此时 d=deque([8,7,6,1,2,3,4,5,0])。

15.4 程序设计的步骤

15.4.1 信息采集模块——网络爬虫实现

网络爬虫的实现原理及过程如下:

(1) 获取初始的 URL。初始的 URL 地址可以由用户指定的某个或某几个初始爬取网页决定。

(2) 根据初始的 URL 爬取页面并获得新的 URL。获得初始的 URL 地址之后,首先需要爬取对应 URL 地址中的网页,爬取了对应的 URL 地址中的网页后,将网页存储到原始数据库中,并且在爬取网页的同时,发现新的 URL 地址,同时将已爬取的 URL 地址存放到一个 URL 列表中,用于去重及判断爬取的进程。

(3) 将新的 URL 放到 URL 队列中。在第(2)步中,获取了下一个新的 URL 地址之后,会将新的 URL 地址放到 URL 队列中。

(4) 从 URL 队列中读取新的 URL,并依据新的 URL 爬取网页,同时从新网页中获取新 URL,并重复上述的爬取过程。

(5) 满足爬虫系统设置的停止条件时,停止爬取。在编写爬虫的时候,一般会设置相应的停止条件。如果没有设置停止条件,爬虫则会一直爬取下去,一直到无法获取新的 URL 地址为止;若设置了停止条件,爬虫则会在停止条件满足时停止爬取。

根据图 15-4 所示的网络爬虫的实现原理及过程,这里指定中原工学院新闻门户 URL 地址 http://www.zut.edu.cn/index/zhxw.htm 为初始的 URL。

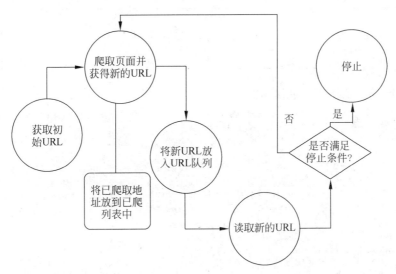

图 15-4　网络爬虫的实现原理及过程

使用 unvisited 队列存储待爬取 URL 链接的集合并使用广度优先搜索。使用 visited 集合存储已访问过的 URL 链接。

```
unvisited = deque()        #待爬取链接的列表,使用广度优先搜索
visited = set()            #已访问的链接集合
```

在数据库中建立两个 table,其中一个是 doc 表,存储每个网页 ID 和 URL 链接。

```
create table doc (id int primary key,link text)
```

例如：

1　http://www.zut.edu.cn/index/xwdt.htm
2　http://www.zut.edu.cn/info/1052/19838.htm
3　http://www.zut.edu.cn/info/1052/19837.htm
4　http://www.zut.edu.cn/info/1052/19836.htm
5　http://www.zut.edu.cn/info/1052/19835.htm
6　http://www.zut.edu.cn/info/1052/19834.htm
7　http://www.zut.edu.cn/info/1052/19833.htm
……

另一个是 word 表,即为倒排表,存储词语和其对应的网页 ID 序号的 list。

```
create table word (term varchar(25) primary key,list text)
```

如果一个词在某个网页里出现多次,那么 list 里这个网页的序号也出现多次。list 最后转换成一个字符串存进数据库。

例如,"王宗敏"出现在网页 ID 为 12、35、88 号的网页里,12 号页面 1 次,35 号页面 3 次,88 号页面 2 次,它的 list 应为[12,35,35,35,88,88],转换成字符串"12 35 35 35 88 88"存储在 word 表中一条记录中,形式如下：

term	list					
王宗敏	12	35	35	35	88	88
校友会	54	190	190	701	986	986	1024

爬取中原工学院新闻网页代码如下：

```python
#search_engine_build-2.py
import sys
from collections import deque
import urllib
from urllib import request
import re
from bs4 import BeautifulSoup
import lxml
import sqlite3
import jieba

url = 'http://www.zut.edu.cn/index/zhxw.htm'  #入口

unvisited = deque()         #待爬取链接的集合，使用广度优先搜索
visited = set()             #已访问的链接集合
unvisited.append(url)

conn = sqlite3.connect('viewsdu.db')
c = conn.cursor()
#在创建表之前先删除表是因为之前测试的时候已经建过表了，所以再次运行代码的时候得把旧的
#表删了重新建
c.execute('drop table doc')
c.execute('create table doc (id int primary key,link text)')
c.execute('drop table word')
c.execute('create table word (term varchar(25) primary key,list text)')
conn.commit()
conn.close()
print('***************** 开始爬取 *************************')
cnt = 0
print('开始.....')
while unvisited:
    url = unvisited.popleft()
    visited.add(url)
    cnt += 1
    print('开始抓取第',cnt,'个链接:',url)

    #爬取网页内容
    try:
        response = request.urlopen(url)
        content = response.read().decode('utf-8')

    except:
        continue
```

```python
# 寻找下一个可爬的链接，因为搜索范围是网站内，所以对链接有格式要求，需根据具体情况而定
# 解析网页内容，可能有几种情况，这个也是根据这个网站网页的具体情况写的
soup = BeautifulSoup(content,'lxml')
    all_a = soup.find_all('a',{'class':"con fix"})   # 本页面所有的新闻链接<a>
for a in all_a:
    # print(a.attrs['href'])
    x = a.attrs['href']                              # 网址
    if re.match(r'http.+',x):      # 排除是以 http 开头，而不是 http://www.zut.edu.cn 网址
        if not re.match(r'http\:\/\/www\.zut\.edu\.cn\/.+',x):
            continue
    if re.match(r'\/info\/.+',x):                    # "/info/1046/20314.htm"
        x = 'http://www.zut.edu.cn' + x
    elif re.match(r'info/.+',x) :                    # "info/1046/20314.htm"
        x = 'http://www.zut.edu.cn/' + x
    elif re.match(r'\.\.\/info/.+',x):               # "../info/1046/20314.htm"
        x = 'http://www.zut.edu.cn/' + x[2:]
    elif re.match(r'\.\.\/\.\.\/info/.+',x):         # "../../info/1046/20314.htm"
        x = 'http://www.zut.edu.cn/' + x[5:]
    # print(x)
    if (x not in visited) and (x not in unvisited):
        unvisited.append(x)

a = soup.find('a',{'class':"Next"})                  # 下一页<a>
if a!= None:
    x = a.attrs['href']                              # 网址
    if re.match(r'zhxw\/.+',x):
        x = 'http://www.zut.edu.cn/index/' + x
    else:
        x = 'http://www.zut.edu.cn/index/zhxw/' + x
    if (x not in visited) and (x not in unvisited):
        unvisited.append(x)
```

以上实现要爬取的网址队列 unvisited。

15.4.2 索引模块——建立倒排词表

解析新闻网页内容，这个过程需根据这个网站网页的具体情况来处理。

```python
soup = BeautifulSoup(content,'lxml')
    # 提取出网页标题 title，新闻内容 article 和新闻作者 author 字符串
    title = soup.title.string
    article = soup.find('div',class_ = 'detail1-q')
    print('网页标题:',title)
    if article == None:
        print('无内容的页面.')                        # 缺失内容
        continue
    else:
        article = article.find('div',class_ = 'cont')
        article = article.get_text("",strip = True)
```

```python
        article = ''.join(article.split())
        #print('文章内容:',article[:200])                    #前 200 字
        #作者信息在文章最后,所以截取后 20 个字符
        result = article[-20:]
        #(通讯员 陈昊昱)从括号中提取作者
        authorlist = re.findall(r'\((.*?)\)', result)       #返回是列表
        if authorlist == []:
            author = ""    #缺失作者
            print('缺失作者')
        else:
            author = authorlist[0]
            print('作者:',author)
```

提取出的网页内容存在 title、article、author 三个字符串里,对它们进行中文分词。对每个分出的词语建立倒排词表。

```python
        seggen = jieba.cut_for_search(title)
        seglist = list(seggen)
        seggen = jieba.cut_for_search(article)
        seglist += list(seggen)
        seggen = jieba.cut_for_search(author)
        seglist += list(seggen)

        #数据存储
        conn = sqlite3.connect("viewsdu.db")
        c = conn.cursor()
        c.execute('insert into doc values(?,?)',(cnt,url))
        #对每个分出的词语建立倒排词表
        for word in seglist:
            #print(word)
            #检验看看这个词语是否已存在于数据库
            c.execute('select list from word where term = ?',(word,))
            result = c.fetchall()
            #如果不存在
            if len(result) == 0:
                docliststr = str(cnt)
                c.execute('insert into word values(?,?)',(word,docliststr))
            #如果已存在
            else:
                docliststr = result[0][0]                   #得到字符串
                docliststr += ' ' + str(cnt)
                c.execute('update word set list = ? where term = ?',(docliststr,word))
        conn.commit()
        conn.close()
print('词表建立完毕!!')
```

以上代码只需运行一次即可,搜索引擎所需的数据库已经建好了。运行上述代码出现如下结果:

开始抓取第 110 个链接：http://www.zut.edu.cn/info/1041/20191.htm
网页标题：我校 2017 年学生奖助项目评审工作完成资助育人成效显著 - 中原工学院
开始抓取第 111 个链接：http://www.zut.edu.cn/info/1041/20190.htm
网页标题：我校教师李慕杰、王学鹏参加中国致公党河南省第一次代表大会 - 中原工学院
开始抓取第 112 个链接：http://www.zut.edu.cn/info/1041/20187.htm
网页标题：我校与励展企业开展校企合作 - 中原工学院
开始抓取第 113 个链接：http://www.zut.edu.cn/info/1041/20184.htm
网页标题：平顶山学院李培副校长一行来我校考察交流 - 中原工学院
开始抓取第 114 个链接：http://www.zut.edu.cn/info/1041/20179.htm
网页标题：我校学生在工程造价技能大赛中获佳绩 - 中原工学院
开始抓取第 115 个链接：http://www.zut.edu.cn/info/1041/20178.htm
网页标题：我校召开 2018 届毕业生就业工作会议 - 中原工学院

15.4.3　网页排名和搜索模块

需要搜索的时候，执行 search_engine_use.py，完成网页排名和搜索功能。

网页排名采用 TF/IDF 统计。TF/IDF 是一种用于信息检索与数据挖掘的常用加权技术。TF/IDF 统计用以评估一个词对于一个文件集或一个语料库中的某一份文件的重要程度。TF 意思是词频（term frequency），IDF 意思是逆文本频率指数（inverse document frequency）。TF 表示词条 t 在文档 d 中出现的频率。IDF 的主要思想是：如果包含词条 t 的文档越少，则词条 t 的 IDF 越大，则说明词条 t 具有很好的类别区分能力。

词条 t 的 IDF 计算公式：

$$idf = \log(N/df)$$

其中，N 是文档总数，df 是包含词条 t 的文档数量。

本程序中 tf={文档号：出现次数}存储是某个词在文档中出现次数。如王宗敏的 tf={12:1,35:3,88:2}即"王宗敏"出现在网页 ID 为 12、35、88 号网页里，12 号页面 1 次，35 号页面 3 次，88 号页面 2 次。

score={文档号：文档得分}用于存储命中（搜到）文档的得分。

```
# search_engine_use.py
import re
import urllib
from urllib import request
from collections import deque
from bs4 import BeautifulSoup
import lxml
import sqlite3
import jieba
import math
conn = sqlite3.connect("viewsdu.db")
c = conn.cursor()
c.execute('select count(*) from doc')
N = 1 + c.fetchall()[0][0]                    # 文档总数
target = input('请输入搜索词:')
seggen = jieba.cut_for_search(target)         # 将搜索内容分词
```

```python
score = {}                                          #字典,用于存储文档号:文档得分
for word in seggen:
    print('得到查询词:',word)
    tf = {}                                         #文档号:次数{12:1,35:3,88:2}
    c.execute('select list from word where term = ?',(word,))
    result = c.fetchall()
    if len(result)> 0:
        doclist = result[0][0]
        doclist = doclist.split(' ')
        doclist = [int(x) for x in doclist]         #把字符串转换为元素为 int 的 list[12,35,88]
        df = len(set(doclist))                      #当前 word 对应的 df 数,注意 set 集合实现去掉重复项
        idf = math.log(N/df)                        #计算出 IDF
        print('idf:',idf)
        for num in doclist:                         #计算词频 TF,即在某文档的出现次数
            if num in tf:
                tf[num] = tf[num] + 1
            else:
                tf[num] = 1
        #tf 统计结束,现在开始计算 score
        for num in tf:
            if num in score:
                #如果该 num 文档已经有分数了,则累加
                score[num] = score[num] + tf[num] * idf
            else:
                score[num] = tf[num] * idf
sortedlist = sorted(score.items(),key = lambda d:d[1],reverse = True)
                                                    #对 score 字典按字典的值排序
#print('得分列表',sortedlist)
cnt = 0
for num,docscore in sortedlist:
    cnt = cnt + 1
    c.execute('select link from doc where id = ?',(num,))
                                                    #按照 ID 获取文档的链接(网址)
    url = c.fetchall()[0][0]
    print(url , '得分:',docscore)                   #输出网址和对应得分
    try:
        response = request.urlopen(url)
        content = response.read().decode('utf - 8')     #可以输出网页内容
    except:
        print('oops...读取网页出错')
        continue
    #解析网页输出标题
    soup = BeautifulSoup(content,'lxml')
    title = soup.title
    if title == None:
        print('No title.')
    else:
        title = title.text
        print(title)
    if cnt > 20:                                    #超过 20 条则结束,即输出前 20 条网页
```

```
        break
if cnt == 0:
    print('无搜索结果')
```

当运行 search_engine_use.py 时,则出现如下提示:

请输入搜索词:

输入"王宗敏"后结果如下:

```
Building prefix dict from the default dictionary ...
Loading model from cache C:\Users\xmj\AppData\Local\Temp\jieba.cache
Loading model cost 0.961 seconds.
Prefix dict has been built succesfully.
得到查询词: 王宗敏
idf: 3.337509562404897
http://www.zut.edu.cn/info/1041/20120.htm 得分: 13.350038249619589
王宗敏校长一行参加深圳校友会年会并走访合作企业-中原工学院
http://www.zut.edu.cn/info/1041/20435.htm 得分: 13.350038249619589
中国工程院张彦仲院士莅临我校指导工作-中原工学院
http://www.zut.edu.cn/info/1041/19775.htm 得分: 10.012528687214692
我校河南省功能性纺织材料重点实验室接受现场评估-中原工学院
http://www.zut.edu.cn/info/1041/19756.htm 得分: 10.012528687214692
王宗敏校长召开会议推进"十三五"规划"八项工程"建设-中原工学院
http://www.zut.edu.cn/info/1041/19726.htm 得分: 10.012528687214692
我校 2017 级新生开学典礼隆重举行-中原工学院
```

掌握以上校园网搜索引擎技术后,请读者针对某个学校网站的新闻,分析新闻链接结构,实现新闻搜索引擎。

说明:由于中原工学院网站 2022 年 4 月改版,程序代码访问的原网站已改为 www1.zut.edu.cn,所以代码中出现的 www.zut.edu.cn 都修改为 www1.zut.edu.cn 即可正常运行。

第 16 章

视频讲解

Python爬虫实战——股票数据定向爬虫

16.1 股票数据定向爬虫功能介绍

本程序获取上交所和深交所所有股票的名称和交易信息,主要获取其"股票代码""股票名称""最高""最低""涨停""跌停""换手率""振幅""成交量"等信息,并保存到文本文件 BaiduStockInfo.txt 中。文件存储内容如下:

{'股票代码':'603486','股票名称':'科沃斯','最高':'22.87','最低':'21.97','今开':'21.97','昨收':'21.98','涨停':'76.84','跌停':'62.87','换手率':'2.26%','振幅':'4.09%','成交量':'4.06万','成交额':'9147.61万','内盘':'1.66万','外盘':'2.4万','委比':'—30.30%','涨跌幅':'2.82%','市盈率(动)':'94.57','市净率':'94.57','流通市值':'40.6亿','总市值':'127.57亿'}

{'股票代码':'601138','股票名称':'工业富联','最高':'18.83','最低':'18.42','今开':'18.65','昨收':'18.61','涨停':'19.38','跌停':'15.86','换手率':'1.66%','振幅':'2.20%','成交量':'30.59万','成交额':'57085.21万','内盘':'13.62万','外盘':'16.97万','委比':'—2.82%','涨跌幅':'—0.16%','市盈率(动)':'27.17','市净率':'27.17','流通市值':'341.65亿','总市值':'3689.03亿'}

同时能将获取的信息存放在 Excel 文件中,股票信息属性作为表头,每只股票信息作为表格的一行。

16.2 程序设计思路

股票数据定向爬虫首先确定爬取的网站,选取网站的原则有以下三点:
(1)网站包含所有沪深股票信息;
(2)网站 robots 协议允许非商业爬虫;

（3）网站的源代码是脚本语言，而非JavaScript。

综合以上三点，最终选取网站为股城网和百度股票网（已停止更新故不采用）。

从股城网网站查看某只股票（例如深圳交易所代码为300023的股票）的网址是 https://hq.gucheng.com/SZ300023，从网址中可以发现300023正好是这只股票代码，sz表示的深圳交易所。因此程序需要首先获取上交所和深交所所有股票的股票代码，再通过爬虫程序从股城网网站爬取对应股票信息。程序整个步骤如下：

步骤1：从股城网网站的"股票代码一览表"网页 https://hq.gucheng.com/gpdmylb.html 获取股票代码列表。

步骤2：从图16-1中逐一获取每只股票代码，并增加到股城网股票网址的链接中从而生成形如 https://hq.gucheng.com/SZ300023 的网址链接，对这些链接进行逐个访问获得每只股票的信息；查看股城网个股信息网页的源代码，发现每只股票的信息在HTML代码中的存储方式如图16-2所示。

图16-1　股城网

图16-2　股票信息在HTML代码中的存储方式

参考图 16-2 中 HTML 代码的股票成交量、昨收、换手率、成交量等股票信息存储方式，编写爬虫程序获取股票信息并采用键值对的方式进行存储。在 Python 中键值对的方式可以用字典类型。因此，在本项目中使用字典来存储每只股票的信息。

步骤 3：将字典中数据存储到文本文件 BaiduStockInfo.txt 和 Excel 文件中。

16.3 程序设计的步骤

16.3.1 获取股票代码列表

从股城网 https://hq.gucheng.com/gpdmylb.html 可获取股票代码信息，这里首先获得此"股票代码一览表"网页源代码数据。

```python
# CrawGuchengStocks.py
import requests
from bs4 import BeautifulSoup
import re                              # 引入正则表达式库，便于后续提取股票代码
import xlwt                            # 引入 xlwt 库，对 Excel 进行操作
import time                            # 引入 time 库，计算爬虫总共花费的时间
def getHTMLText(url):                  # 获得网页源代码数据
    try:
        r = requests.get(url)
        r.raise_for_status()
        r.encoding = r.apparent_encoding
        return r.text
    except:
        return ""
```

接下来编写网页源代码解析程序。首先需要分析网页页面结构，通过浏览器查看其源代码，如图 16-3 所示。

```
<div class="stock_sub">
    <h2>股票代码一览表</h2>
    <section class="stockTable">
        <h3>上海深圳股票代码一览表</h3>
        <a href="https://hq.gucheng.com/SZ000001/">平安银行(000001)</a>
        <a href="https://hq.gucheng.com/SZ000002/">万 科A(000002)</a>
        <a href="https://hq.gucheng.com/SZ000004/">国农科技(000004)</a>
        <a href="https://hq.gucheng.com/SZ000005/">世纪星源(000005)</a>
        <a href="https://hq.gucheng.com/SZ000006/">深振业A(000006)</a>
        <a href="https://hq.gucheng.com/SZ000007/">全新好(000007)</a>
        <a href="https://hq.gucheng.com/SZ000008/">神州高铁(000008)</a>
```

图 16-3 股城网"股票代码一览表"网页页面结构

由图 16-3 可以看到，<a>标签的 href 属性中的网址链接里面有每只股票对应的号码，因此只要把网址里面对应股票的号码解析出来即可。

对<a>标签的处理过程如下：

（1）找到<a>标签中的 href 属性，并且判断属性中间的链接，把链接后面的数字取出来，在这里可以使用正则表达式来进行匹配。

（2）由于深圳交易所的股票代码以 SZ 开头，上海交易所的代码以 SH 开头，股票的数

字由6位构成,所以正则表达式可以写为[S][ZH]\d{6}。也就是说构造一个正则表达式,在链接中去寻找满足这个正则表达式的字符串,并把它提取出来。

(3) 由于在 HTML 中有很多的<a>标签,但是有些<a>标签中没有 href 属性,因此上述程序在运行的时候出现异常,所以还要进行 try-except 来对程序进行异常处理。对于出现异常的情况使用了 continue 语句,直接让其跳过,继续执行下面的语句。

解析代码如下:

```
def getStockList(lst, stockURL):
    html = getHTMLText(stockURL, "utf-8")       #获得股城网"股票代码一览表"网页页面
    soup = BeautifulSoup(html, 'html.parser')
    a = soup.find_all('a')                       #解析页面,找到所有的<a>标签
    for i in a:
        try:
            href = i.attrs['href']
            lst.append(re.findall(r"[S][ZH]\d{6}", href)[0])
                                                 #正则表达式提取股票代码信息
        except:
            continue
```

获得每只股票代码信息后,接下来是获得股城网股票网址链接描述单只股票的信息。

16.3.2 获取单只股票的信息

查看图 16-2 所示的网页源代码,股票的信息就存在于图 16-2 所示的 HTML 代码中,因此对这段 HTML 代码进行解析来获取单只股票的信息。

解析过程如下:

(1) 股城网某只股票(SZ300023)信息的网址为 https://hq.gucheng.com/SZ300023/(https://hq.gucheng.com/+每只股票的代码+"/"即可),而每只股票的代码已经由前面的程序 getStockList()从股城网"股票代码一览表"页面解析出来,因此对 getStockList()函数返回的列表进行遍历即可,代码如下:

```
for stock in lst:
    url = stockURL + stock + "/"
```

(2) 获得网址后,就要访问网页获得网页的 HTML 代码,程序如下:

```
html = getHTMLText(url)        #这个功能前面已实现
```

(3) 获得了 HTML 代码后就需要对 HTML 代码进行解析,由图 16-2 可以看到单个股票的信息存放在标签为<div>,class 属性为 stock_top clearfix 的 HTML 代码中,因此进行如下解析:

```
soup = BeautifulSoup(html, 'html.parser')
stockInfo = soup.find('div', attrs = {'class':'stock_top clearfix'})
```

(4) 发现股票名称在 class 属性为 stock_title 的 < div > 标签内,继续解析,存入字典中:

```
infoDict = {}
#在 stockInfo 中找到属性为 stock_title 的存放股票名称和代码的标签
name = stockInfo.find_all(attrs = {'class':'stock_title'})[0]
#在 stockInfo 中找到存放有股票名称和代码的<'stock_title'>标签
infoDict["股票代码"] = name.text.split("\n")[2]
# infoDict["股票代码"] = name.text.split("\n")[1]
# infoDict.update({'股票名称': name.text.split("\n")[1]})
```

split("\n")的意思是字符串按"\n"分割获取股票名称和股票代码。

(5) 从 HTML 代码中还可以观察到股票的其他信息存放在< dt >和< dd >标签中,其中 dt 表示股票信息的键域,dd 是值域。获取全部的键和值:

```
keyList = stockInfo.find_all('dt')
valueList = stockInfo.find_all('dd')
```

并把获得的键和值按键值对的方式存入字典中:

```
for i in range(len(keyList)):
    key = keyList[i].text
    val = valueList[i].text
    infoDict[key] = val
```

(6) 把字典中的数据存入外部文件中:

```
with open(fpath, 'a', encoding = 'utf-8') as f:
    f.write( str(infoDict) + '\n' )
```

将上述过程封装成完整的函数,代码如下:

```
def getStockInfo(lst, stockURL, fpath):
    count = 0
    #lst = [item.lower() for item in lst] 股城网 URL 是大写,所以不用切换成小写
    for stock in lst[3:]:                                #前三个不是股票,是股票指数
        url = stockURL + stock + "/"                     #url 为单只股票的 URL
        print(count,url)
        html = getHTMLText(url)                          #爬取单只股票网页,得到 HTML
        try:
            if html == "":                               #爬取失败,则继续爬取下一只股票
                continue
            infoDict = {}                                #单只股票的信息存储在一个字典中
            soup = BeautifulSoup(html, 'html.parser')    #单只股票网页的解析
            stockInfo = soup.find('div',attrs = {'class':'stock_top clearfix'})
            #在观察股城网时发现,单只股票信息都存放在< div >的'class':'stock_top clearfix'中
            #在 soup 中找到所有标签< div >中属性为'class':'stock_top clearfix'的内容
            name = stockInfo.find_all(attrs = {'class':'stock_title'})[0]
            #在 stockInfo 中找到 class 属性为 stock_title 的存放有股票名称和代码的标签
            infoDict["股票代码"] = name.text.split("\n")[2]
            infoDict.update({'股票名称': name.text.split("\n")[1]})
            #对 name 以换行进行分割,得到一个列表,第 1 项为股票名称,第 2 项为代码
```

```
                keyList = stockInfo.find_all('dt')
                valueList = stockInfo.find_all('dd')
                #股票信息都存放在<dt>和<dd>标签中,用find_all()产生列表
                for i in range(len(keyList)):
                    key = keyList[i].text
                    val = valueList[i].text
                    infoDict[key] = val
                    #将信息的名称和值作为键值对,存入字典中

                with open(fpath, 'a', encoding = 'utf-8') as f:
                    f.write( str(infoDict) + '\n' )
                    #将每只股票信息作为一行输入文件中
                    count = count + 1
                    print("\r爬取成功,当前进度:{:.2f}%\n".format(count*100/len(lst)),end="")
        except:
            count = count + 1
            print("\r爬取失败,当前进度:{:.2f}%\n".format(count*100/len(lst)),end="")
            continue
```

编写 get_txt() 函数,调用上述函数将爬取的数据保存在文本文件 StockInfoTest.txt 中。

```
def get_txt():                      #将爬取的数据保存在文本文件中
    stock_list_url = 'https://hq.gucheng.com/gpdmylb.html'
    stock_info_url = 'https://hq.gucheng.com/'
    output_file = 'StockInfoTest.txt'
    slist=[]
    getStockList(slist, stock_list_url)
    print(stock_list_url)
    getStockInfo(slist, stock_info_url, output_file)
```

编写 T_excel() 函数将文本文件 StockInfoTest.txt 转换为 Excel 文件。

```
def T_excel(file_name,path):                 #将文本文件转换为 Excel 文件
    fo = open(file_name,"rt",encoding = 'utf-8')
    file = xlwt.Workbook(encoding = 'utf-8', style_compression = 0)
    #创建一个 Workbook 对象,这就相当于创建了一个 Excel 文件
    #Workbook 类初始化时有 encoding 和 style_compression 参数
    #w = Workbook(encoding = 'utf-8'),就可以在 Excel 中输出中文了
    sheet = file.add_sheet('stockinfo')
    line_num = 0                            #初始行用来添加表头
    #给 Excel 添加表头
    title = ['股票代码', '股票名称', '最高', '最低', '今开', '昨收',
            '涨停', '跌停', '换手率', '振幅', '成交量', '成交额',
            '内盘', '外盘', '委比', '涨跌幅', '市盈率(动)', '市净率',
            '流通市值', '总市值']
    for i in range(len(title)):
        sheet.write(0, i, title[i])
    for line in fo:
        stock_txt = eval(line)       #eval()函数用来执行一个字符串表达式,并返回表达式的值
        #print(stock_txt)
```

```
            line_num += 1                    #每遍历一行文本文件,line_num 加 1
            keys = []
            values = []
            for key,value in stock_txt.items():
                #遍历字典项,并将键和值分别存入列表
                keys.append(key)
                values.append(value)
            for i in range(len(values)):
                sheet.write(line_num,i,values[i])    #在第 line_num 行写入数据
                i = i + 1
    file.save(path)  #将文件保存在 path 路径
```

接下来编写主函数,调用上述函数即可。

```
def main():
    start = time.perf_counter()            #爬取开始时间
    get_txt()                              #爬取股票信息到文本文件 StockInfoTest.txt 中
    txt = "StockInfoTest.txt"
    excelname = 'GuChengStockInfoTest.xls'
    T_excel(txt,excelname)                 #将文本文件转换为 Excel 文件
    time_cost = time.perf_counter() - start
    print("爬取成功,文件保存路径为:\n{}\n,共用时:{:.2f}s".format(excelname,time_cost))
main()
```

至此,运行程序可以爬取上交所和深交所所有股票的名称和交易信息,并保存到文本文件 StockInfoTest.txt 和 Excel 中。当然获取数据仅仅是股票行情分析第一步和重要的一步,数据采集后可以借助 Python 数据分析处理能力进行股票行情分析。

第17章

视频讲解

算法实战——电影推荐系统

17.1 电影推荐系统功能介绍

推荐系统是最常见的数据分析应用之一,包括淘宝、豆瓣、今日头条都是利用推荐系统来推荐用户内容。推荐算法的方式分为两种:一种是根据用户推荐;另一种是根据商品推荐。根据用户推荐主要是找出和这个用户兴趣相近的其他用户,再推荐其他用户也喜欢的东西给这个用户,而根据商品推荐则是根据喜欢这个商品的人也喜欢哪些商品进行推荐。现在很多推荐系统是基于这两种算法进行混合应用的。

本电影推荐系统使用movielens上用户对电影的评价数据(https://grouplens.org/datasets/movielens/进行下载)。下载数据集解压后可见:

(1) movies.csv。

文件内容是电影ID、电影名、电影类型。例如:

```
movieId,title,genres
1,Toy Story (1995),Adventure|Animation|Children|Comedy|Fantasy
2,Jumanji (1995),Adventure|Children|Fantasy
3,Grumpier Old Men (1995),Comedy|Romance
```

(2) ratings.csv。

文件内容是用户ID、电影ID、用户评分(1~5分)、对电影进行评分的时间点。例如:

```
userId,movieId,rating,timestamp
7,1,4.0,964982703
7,3,4.0,964981247
7,6,4.0,964982224
7,47,5.0,964983815
```

本电影推荐系统的目标是利用以上数据,对某用户(例如用户ID是12的用户)推荐他可能喜爱的电影。

17.2 程序设计思路

本电影推荐系统采用根据用户推荐的策略,根据用户推荐重点找出和这个用户兴趣相近的其他用户。设计时选取一个特定的用户(例如用户 ID 是 15 的用户),基于电影评分的相似性发现与该用户类似的用户,并推荐那些相似用户喜欢的电影。

17.2.1 设计评分的数据结构

原始电影评分数据采用二维矩阵描述:行是用户,列是电影,如表 17-1 所示。

表 17-1 原始电影评分数据

用户	电影名					
	Lady in the Water	Snakes on a Plane	Just My Luck	Superman Returns	You, Me and Dupree	The Night Listener
Lisa Rose	2.5	3.5	3.5	3.5	2.5	3
Gene Seymour	3	3.5	1.5	5	3.5	3
Michael Phillips	2.5	3		3.5		4
Claudia Puig		3.5	3	4	2.5	4.5
Mick LaSalle	3	4	2	3	2	3
Jack Matthews	3	4		5	3.5	3
Toby		4.5		4	1	

从 ratings.csv 读取数据后,采用数据结构——字典套字典,如此即可表现出原始电影评分数据的二维矩阵结构,即 data[user][movie]=rating。此数据结构整体是一个字典(key =用户,value=该用户看过的电影信息),其中 value 又是一个字典(key=电影,value=评分)。

```
data = {'Lisa Rose': {'Lady in the Water': 2.5, 'Snakes on a Plane': 3.5, 'Just My Luck': 3.0,
'Superman Returns': 3.5, 'You, Me and Dupree': 2.5, 'The Night Listener': 3.0},
    'Gene Seymour': {'Lady in the Water': 3.0, 'Snakes on a Plane': 3.5, 'Just My Luck': 1.5,
'Superman Returns': 5.0, 'The Night Listener': 3.0, 'You, Me and Dupree': 3.5},
    'Michael Phillips': {'Lady in the Water': 2.5, 'Snakes on a Plane': 3.0, 'Superman Returns':
3.5, 'The Night Listener': 4.0},
    'Claudia Puig': {'Snakes on a Plane': 3.5, 'Just My Luck': 3.0, 'The Night Listener': 4.5,
'Superman Returns': 4.0, 'You, Me and Dupree': 2.5},
    'Mick LaSalle': {'Lady in the Water': 3.0, 'Snakes on a Plane': 4.0, 'Just My Luck': 2.0,
'Superman Returns': 3.0, 'The Night Listener': 3.0, 'You, Me and Dupree': 2.0},
    'Jack Matthews': {'Lady in the Water': 3.0, 'Snakes on a Plane': 4.0, 'The Night Listener':
3.0, 'Superman Returns': 5.0, 'You, Me and Dupree': 3.5},
    'Toby': {'Snakes on a Plane':4.5,'You, Me and Dupree':1.0,'Superman Returns':4.0}
}
```

ratings.csv 中实际存储的是用户的 ID、电影的 ID。所以 data 中用户名、电影名用他们的 ID 替代。

实现代码如下：

```
def load_data():
    f = open('ratings.csv')
    data = {}
    for line in f:
        (user,movie,rating,ts) = line.split(',')
        if user == 'userId':              #首行是标题,不需要加入字典中
            continue
        if user == '15':                  #打印出来15号用户的电影评分
            print(user,movie,rating,ts)
        #Python字典setdefault()函数和get()方法类似
        #如果user键不存在于字典中,将会添加键并将值设为默认值
        data.setdefault(user,{})
        data[user][movie] = float(rating)
    return data
```

data 就是我们建立用来分析的二维矩阵。

17.2.2 计算用户的相似度

下面假设有这么一个矩阵：

```
[ #  A B C D E
    [2,0,0,4,4], #1
    [5,5,5,3,3], #2
    [2,4,2,1,2]  #3
    ...
]
```

矩阵的行代表用户，列表示物品（电影），其交点表示用户对该电影的评分。

计算用户的相似度使用最简单的欧几里得距离算法。简单来说就是将两人对同一部电影的评价相减平方再开根号，比如 A 看了《蝙蝠侠》给 5 分，B 看了给 5 分，但 C 看了给 3 分，计算 A 与 B 距离是 0，A 与 C 距离是 2，可以得知 A 和 B 的喜好比较相近。这里仅仅是对同一部电影评分，如果同时对多部电影评分，这里以用户 1 和用户 2 的相似度为例，有：

```
similar = sqrt((2-5)^2 + (4-3)^2 + (4-3)^2)
```

这就是欧几里得距离算法，下面是算法的实现代码：

```
user_A = '15'                    #被推荐用户ID是15
def calculate():
    list = load_data()
    user_diff = {}
    for movies in list[user_A]:
        for people in list.keys():
            user_diff.setdefault(people,{})
            for item in list[people].keys():
```

```
                if item == movies:
                    diff = pow(list[user_A][movies] - list[people][item],2)
                    user_diff[people][item] = diff
    return user_diff
```

这里假设挑出其中一位 ID 为 user_A 的用户,帮他找出他可能会感兴趣的电影。先计算所有用户与 user_A 的距离,由于 user_A 与其他用户都看了不同的电影,所以计算用户 user_B 与 user_A 的相似度,要先找 user_B 和 user_A 共同看过的电影,再将对电影评分差的平方存储到 user_diff。接下来再把所有电影评分差的平方和取方根得到与用户 user_B 的欧几里得距离。为了让相似度这个数介于 0~1,所以用了 1/(1+距离)这个算法,以下为代码:

```
def people_rating():
    user_diff = calculate()
    rating = {}
    for people in user_diff.keys():
        sumSq = 0
        b = 0
        for score in user_diff[people].values():
            sumSq += score
            b += 1
        sim = float(1/(1 + sqrt(sumSq)))
        if b > 1:                               #排除没有共同评分的电影
            rating.setdefault(people,{})
            rating[people] = round(sim,3)       #三位小数
    print("和其他用户的相似度")
    for key,values in rating.items():
        print(key,values)
    return rating
```

17.2.3 推荐电影

计算出用户与 user_A 的相似度后,找到相似度高的前两个用户,将他们评分为 5 的电影推荐出来。

```
def top_list():
    list = people_rating()
    items = list.items()
    top = [[v[1],v[0]] for v in items]
    top.sort(reverse = True)
    print(top[0:10])
    return top
def find_rec():
    rec_list = top_list()
    first = rec_list[0][1]
    second = rec_list[1][1]
    if first == user_A:
```

```
            first = rec_list[2][1]
        if second == user_A:
            second = rec_list[2][1]
    all_list = load_data()
    print("最相近用户:",first,second)
    for k,v in all_list[first].items():
        if k not in all_list[user_A].keys() and v == 5:
            print (k)
    for k,v in all_list[second].items():
        if k not in all_list[user_A].keys() and v == 5:
            print (k)
```

17.3　程序设计的步骤

电影推荐系统程序完整代码如下：

```
from math import *
user_A = '15'
def load_data():
    f = open('ratings.csv')
    data = {}
    for line in f:
        (user,movie,rating,ts) = line.split(',')
        if user == 'userId':                    ♯首行是标题,不需要加入字典中
            continue
        if user == '15':                        ♯打印出来 15 号用户的电影评分
            print(user,movie,rating,ts)
        ♯Python 字典 setdefault() 函数和 get()方法类似
        ♯如果 user 键不存在于字典中,将会添加键并将值设为默认值
        data.setdefault(user,{})
        data[user][movie] = float(rating)
    return data
user_A = '12'                                   ♯ID 是 12
def calculate():
    list = load_data()
    user_diff = {}
    for movies in list[user_A]:
        for people in list.keys():
            user_diff.setdefault(people,{})
            for item in list[people].keys():
                if item == movies:
                    diff = pow(list[user_A][movies] - list[people][item],2)
                    user_diff[people][item] = diff
    return user_diff
def people_rating():
    user_diff = calculate()
    rating = {}
```

```python
        for people in user_diff.keys():
            sumSq = 0
            b = 0
            for score in user_diff[people].values():
                sumSq += score
                b += 1
            sim = float(1/(1 + sqrt(sumSq)))
            if b > 1:          # 排除没有共同评分的电影
                rating.setdefault(people,{})
                rating[people] = round(sim,3)     # 三位小数
    print("和其他用户的相似度")
    for key,values in rating.items():
        print(key,values)
    return rating
def top_list():
    list = people_rating()
    items = list.items()
    top = [[v[1],v[0]] for v in items]
    top.sort(reverse = True)
    print(top[0:10])
    return top
def find_rec():
    rec_list = top_list()
    first = rec_list[0][1]                    # 找到相似度高的前两个用户 ID
    second = rec_list[1][1]
    if first == user_A:
        first = rec_list[2][1]
    if second == user_A:
        second = rec_list[2][1]
    all_list = load_data()
    print("最相近用户:",first,second)
    film = []
    print("推荐影片:")
    for k,v in all_list[first].items():
        if k not in all_list[user_A].keys() and v == 5:
            print (k,end = ",")
            film.append(k)
    for k,v in all_list[second].items():
        if k not in all_list[user_A].keys() and v == 5:
            print (k,end = ",")
            film.append(k)
find_rec()
```

运行结果如下：

和其他用户的相似度：
[[1.0, '15'], [0.327, '12'], [0.304, '13'], [0.282, '11'], [0.258, '8'], [0.245, '9'], [0.222, '14'], [0.178, '5'], [0.167, '4'], [0.148, '2']]
最相近用户：12   13
推荐影片：
168,222,838,1357,1721,2072,2485,2572,2581,2717,3668,6942,8533,40629,63992,3996,4011,

这里推荐的影片信息是影片 ID，如果获取电影名，可以从 movies.csv 按电影 ID 获取电影名以及电影类型。代码如下：

```
f = open('movies.csv',encoding = 'utf-8')
for line in f:
    try:
        (movieId,title,genres) = line.split(',')
        if movieId in film:
            print(movieId,title,genres)
    except:
        continue
```

运行结果如下：

```
168 First Knight (1995) Action|Drama|Romance
222 Circle of Friends (1995) Drama|Romance
838 Emma (1996) Comedy|Drama|Romance
1357 Shine (1996) Drama|Romance
1721 Titanic (1997) Drama|Romance
2485 She's All That (1999) Comedy|Romance
2581 Never Been Kissed (1999) Comedy|Romance
2717 Ghostbusters II (1989) Comedy|Fantasy|Sci-Fi
3668 Romeo and Juliet (1968) Drama|Romance
4011 Snatch (2000) Comedy|Crime|Thriller
6942 Love Actually (2003) Comedy|Drama|Romance
```

实际上，按用户相似度推荐有明显的缺陷，就是 user_B 和 user_A 共同看过的电影如果很少，而且评分一致，则也被认为是兴趣相似用户，实际上很难说明他们有共同的兴趣。在实际的推荐系统中，往往再从基于商品（电影）的相似度来推荐。用户打开豆瓣随便查看一部电影，会看到下面有一个栏目是喜欢这部电影的人也喜欢哪些电影，就是利用了商品（电影）相似度的概念。如果使用基于商品（电影）的相似度推荐，计算的方法和基于用户的相似，表 17-1 中原始电影评分数据可以看成二维矩阵，基于用户计算时按行计算相似度，而基于商品（电影）时，按列计算相似度。为了计算方便，可以将表 17-1 中原始电影评分数据矩阵转置，这样也可以使用按行来计算了。具体实现请读者自己思考。

第18章

视频讲解

操作Excel文档应用——作业统计管理

18.1 作业统计管理功能介绍

将服务器中交作业的学生(根据文件的名字进行提取)和学生名单 Excel 表格中的学生信息(学号和姓名)进行比对,输出所有没有交作业的学生信息,并统计学生交作业次数。每次交的作业放在一个文件夹,例如作业 1、作业 2 等文件夹,如图 18-1 所示。

图 18-1 作业 1 文件夹

18.2 程序设计思想

设计程序的关键是文件夹的遍历和 Python 操作 Excel 文档。Python 获取指定文件夹下的文件名可以采用 os.walk() 和 os.listdir() 两种方法。由于作业文件夹下仅仅是文件，而不存在子文件夹的情况，所以用 os.listdir() 即可。

获取文件名列表后，与学生名单 Excel(test.xslx)存储的学号和姓名进行匹配，如果匹配则本次作业已提交记为 1。所有文件匹配结束后，将 Excel 中本次作业为空的单元格对应学生的信息(学号和姓名)记录到文本文件中。重复以上操作实现多次作业统计，最后计算出每个学生交作业次数。

18.3 关键技术

18.3.1 获取指定文件夹下的文件名

1. os.walk()

模块 os 中的 walk()函数可以遍历文件夹下所有的文件。该函数可以得到一个三元 tupple 数据(dirpath, dirnames, filenames)。其中参数含义：

dirpath：string，代表文件夹所在路径；

dirnames：list，包含了当前 dirpath 路径下所有的子文件夹名(不包含路径)；

filenames：list，包含了当前 dirpath 路径下所有的包括子文件下的文件名(不包含路径)。

注意，dirnames 和 filenames 均不包含路径信息，如需完整路径，可使用 os.path.join(dirpath, dirnames)。

当需要特定类型的文件时，需要 os.path.splitext()函数将路径拆分。

【例 18-1】 获取 file_dir 文件夹中的 jpg 文件。

```
import os
def file_name(file_dir):
    L = []
    for root, dirs, files in os.walk(file_dir):
        for file in files:
            if os.path.splitext(file)[1] == '.jpg':
                L.append(os.path.join(root, file))
    return L
```

其中 os.path.splitext()函数将路径拆分为文件名和扩展名，例如 os.path.splitext("E:/lena.jpg")将得到"E:/lena"和".jpg"。

2. os.listdir()

os.listdir()函数得到的仅是当前路径下的文件名，不包括子文件夹中的文件，所以需要使用递归的方法得到全部文件名。

【例 18-2】 使用递归的方法得到 path 文件夹(包括子文件夹)中的全部文件名。

```python
import os
def listdir(path, list_name):
    for file in os.listdir(path):
        file_path = os.path.join(path, file)
        if os.path.isdir(file_path):
            listdir(file_path, list_name)
        elif os.path.splitext(file_path)[1] == '.jpg':
            list_name.append(file_path)
```

18.3.2　Python 操作 Excel 文件

第三方的 xlrd 和 xlwt 两个模块分别用来读和写 Excel 文件,使用 xlrd 模块读取 Excel 文件在第 9 章已经介绍过,这里介绍 xlwt 模块的使用。

1. 使用 xlwt 模块写 Excel 文件

相对来说,xlwt 提供的接口就没有 xlrd 那么多了,主要如下:

Workbook()是构造函数,返回一个工作簿的对象。

Workbook.add_sheet(name)添加了一个名为 name 的表,类型为 Worksheet。

Workbook.get_sheet(index)可以根据索引返回 Worksheet。

Worksheet.write(r, c, vlaue)是将 vlaue 填充到指定位置。

Worksheet.row(n)返回指定的行。

Row.write(c, value)在某一行的指定列写入 value。

Worksheet.col(n)返回指定的列。

通过对 Row.height 或 Column.width 赋值可以改变行或列默认的高度或宽度(单位: 0.05 pt,即 1/20 pt)。

Workbook.save(filename)保存文件。

表的单元格默认是不可重复写的,如果需要,在调用 add_sheet()的时候指定参数 cell_overwrite_ok=True 即可。

【例 18-3】 写入 Excel 文件示例代码:

```python
import xlwt
book = xlwt.Workbook(encoding = 'utf-8')
sheet = book.add_sheet('sheet_test', cell_overwrite_ok = True)    #单元格可重复写
sheet.write(0, 0, '王海')
sheet.row(0).write(1, '男')
sheet.write(0, 2, 23)
sheet.write(1, 0, '程海鹏')
sheet.row(1).write(1, '男')
sheet.write(1, 2, 41)
sheet.col(2).width = 4000                                          #单位:1/20 pt
book.save('test.xls')
```

程序运行生成如图18-2所示的test.xls文件。

2. 使用csv模块读写CSV文件

与读写Excel文件相比，CSV（Comma-Separated Values逗号分隔值）文件的读写是相当方便的。

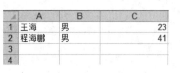

图18-2 test.xls文件

Python自带的csv模块可以处理CSV文件，其文件以纯文本形式存储表格数据。CSV文件由任意数量的记录组成，记录间以换行符分隔；每条记录由字段组成，字段间的分隔符常见的是逗号或制表符。而Excel文件是电子表格，包含文本、数值、公式和格式。当不需要公式和格式时，表格可用CSV格式保存。

读取CSV文件可以使用reader()。格式如下：

```
reader(csvfile[, dialect = 'excel'][, fmtparam])
```

参数csvfile：通常的文件（file）对象，或者列表（list）对象都是适用的。

dialect：编码风格，默认为Excel方式，也就是逗号（,）分隔，另外csv模块也支持excel-tab风格，也就是制表符（tab）分隔。其他的方式需要自己定义，然后可以调用register_dialect()方法来注册，以及list_dialects()方法来查询已注册的所有编码风格列表。

fmtparam：格式化参数，用来覆盖之前dialect对象指定的编码风格。

Reader对象是可以迭代的，line_num参数表示当前行数；Reader对象还提供一些dialect()、next()方法。

写CSV文件可以使用writer()。格式如下：

```
writer(csvfile, dialect = 'excel', fmtparams)
```

参数的意义同上，这里不赘述。这个对象有两个函数：writerow()和writerows()。

【例18-4】是将人员信息写入CSV文件并读取出来。

```
import csv
#写入一个文件
myfile = open('test2.csv', 'w', newline = '')         # 'a'为追加,'w'为写方式
mywriter = csv.writer(myfile)                          # 返回一个Writer对象
mywriter.writerow(['序号', '姓名', '年龄'])            # 加入标题行
mywriter.writerow([3, '张海峰', 25])                   # 加入一行
mywriter.writerow([4, '李伟', 38])
mywriter.writerows([[5, '赵大强', 36],[6, '程海鹏', 28]])  # 加入多行
myfile.close()
#读取一个CSV文件
myfilepath = 'test2.csv'
#这里用到的open()都要加上 newline = '',否则会多一个换行符(参见标准库文档)
myfile = open(myfilepath, 'r', newline = '')
myreader = csv.reader(myfile)                          # 返回一个Reader对象
for row in myreader:
    if myreader.line_num == 1 :                        # line_num是从1开始计数的
        continue                                        # 第一行不输出
    for i in row :                                      # row是一个列表
```

```
        print(i, end = ' ')
    print()
myfile.close()                                          #关闭文件
```

这个程序涉及下面函数：Writer.writerow(list)是将列表以一行形式添加，Writer.writerows(list)可写入多行。

程序运行结果如下：

```
3 张海峰 25
4 李伟 38
5 赵大强 36
6 程海鹏 28
```

并生成与显示同样内容的 test2.csv 文件，不过还有序号、姓名、年龄这样的标题行信息。

18.4 程序设计的步骤

```
import os
import xlrd
import xlwt
```

listdir(path，list_name)获取指定文件夹下所有文件名并存储到 list_name 列表中。

```python
def listdir(path, list_name):
    #判断文件扩展名是否是.doc 和.docx
    for file in os.listdir(path):
        if os.path.splitext(file)[1] == '.doc' or os.path.splitext(file)[1] == '.docx':
            list_name.append(file)
```

get_upnum(list_name)统计一次作业的上交情况。使用 student={}字典存储。键 key 为学号，值 value 为 1(已交作业)或 0(未交作业)。

```python
def get_upnum(list_name):
    wb = xlrd.open_workbook('test.xlsx')                #打开学生名单文件
    sheetNames = wb.sheet_names()                       #查看包含的工作表
    # 获得工作表的两种方法
    table = wb.sheet_by_index(0)
    table = wb.sheet_by_name('Sheet1')                  #通过名称 sheet1 获取对应的 Sheet
    nrows = table.nrows                                 #表格的行数
    student = {}
    for i in range(1,nrows):
        xuehao = table.cell(i,0).value                  #获取学号单元格的值
        stuname = table.cell(i,1).value                 #获取姓名单元格的值
        student[xuehao] = 0
        for filename in list_name:
            if xuehao in filename and stuname in filename:
                student[xuehao] = 1
    print("未交学生的学号")
```

```python
    for key,values in student.items():
        if values == 0:                         #输出未交学生的学号
            print(key,end = ",")
    print()
    return student
```

save_up(all_zuoye) 统计多次作业的上交情况，并将结果存储到 test2.xls 文件中。

```python
def save_up(all_zuoye):
    wb = xlrd.open_workbook('test.xlsx')        #打开学生名单文件
    sheetNames = wb.sheet_names()               #查看包含的工作表
    table = wb.sheet_by_name('Sheet1')          #通过名称 Sheet1 获取对应的 Sheet
    nrows = table.nrows                         #表格的行数(即获取人数)
    ncols = table.ncols                         #表格的列数
    book = xlwt.Workbook(encoding = 'utf-8')
    sheet = book.add_sheet('sheet_test', cell_overwrite_ok = True)  #单元格可重复写
    sheet.write(0, 0, '学号')
    sheet.write(0, 1, '姓名')
    n = 2                                       #从第3列存储作业情况,前两列是学号和姓名
    for zuoye_i in zuoye:
        #sheet.write(0, 2, '作业 1')            #第3列存储作业1
        sheet.write(0, n, zuoye_i)
        student = all_zuoye[zuoye_i]
        for i in range(1,nrows):
            xuehao = table.cell(i,0).value      #获取学号单元格的值
            stuname = table.cell(i,1).value     #获取姓名单元格的值
            sheet.write(i, 0, xuehao)
            sheet.write(i, 1, stuname)
            sheet.write(i, n, student[xuehao])
        n = n + 1
        book.save('test2.xls')                  #保存到 test2.xls 文件中,不支持 xlsx 格式

root = r"D:\2018 上作业"
zuoye = ["作业 1","作业 2","作业 3"]            #作业所在的文件夹名
all_zuoye = {}
for zuoye_i in zuoye:
    list_name = []
    file_dir = os.path.join(root, zuoye_i)
    if os.path.isdir(file_dir):
        listdir(file_dir, list_name)
        print(zuoye_i)                          #输出作业名(即文件夹名)
        all_zuoye[zuoye_i] = get_upnum(list_name)  #列表的每个元素是一个字典
print(all_zuoye)
save_up(all_zuoye)
```

运行结果生成 Excel 文件 test2.xls，内容如图 18-3 所示。
同时输出每次未交学生的学号信息。

	A	B	C	D	E	F
1	学号	姓名	作业1	作业2	作业3	总次数
2	201608030329	刘行	1	1	0	2
3	201608030318	李江涛	1	1	0	2
4	201608030311	陈泰贤	1	0	0	1
5	201608030312	夏睿翔	1	1	1	3

图 18-3　作业统计结果文件 test2.xls

```
作业 2 未交学生的学号
201608030311,
作业 3 未交学生的学号
201608030311,201608030329,201608030318,
```

第 19 章

视频讲解

Pygame游戏编程——Flappy Bird游戏

19.1 Flappy Bird 游戏功能介绍

Flappy Bird(又称笨鸟先飞)是一款来自 iOS 平台的小游戏,该游戏是由一名越南游戏制作者独自开发而成的,玩法极为简单。游戏中玩家必须控制一只胖乎乎的小鸟,跨越由各种不同长度水管所组成的障碍。上手容易,但是想通关可不简单。

本章这款计算机版 Flappy Bird 游戏中,玩家只需要用空格键或鼠标来操控,需要不断控制小鸟的飞行高度和降落速度,让小鸟顺利地通过画面中的管道,如果不小心碰到了管道,游戏便宣告结束。单击屏幕或按空格键,小鸟就会往上飞,不断地单击或按键小鸟就会不断地往高处飞。松开鼠标或释放按键小鸟则会快速下降。游戏的得分是,小鸟安全穿过一个管道且不撞上就得 1 分。当然撞上就直接结束游戏。游戏运行初始界面和游戏结束界面如图 19-1 所示。

(a) 初始界面　　　　　　　　(b) 游戏结束界面

图 19-1　Flappy Bird 游戏运行初始界面和游戏结束界面

19.2 Flappy Bird 游戏设计的思路

19.2.1 游戏素材

游戏程序中用到的不同状态小鸟、上管道、下管道、死亡小鸟图片等,分别使用图 19-2 所示的图片表示。

图 19-2 相关图片素材

19.2.2 地图滚动的原理实现

举个简单的例子,坐火车的时候都遇到过自己的火车明明是停止的,但是旁边铁轨上的火车在向后行驶,会有一种错觉,感觉自己的火车在向前行驶。飞行射击类游戏的地图原理和这个完全一样。玩家控制飞机在屏幕中飞行的位置,背景图片一直向后滚动,从而给玩家一种错觉:自己控制的飞机在向前飞行。Flappy Bird 游戏设计中采用类似飞机射击游戏的方法,背景中管道在不断左移,小鸟位置不变仅仅上下移动。为了简化游戏难度,仅有一对上下管道不断左移;当从左侧移出游戏画面时,再重新在屏幕右侧绘制下一组管道,给玩家一种不断有新管子出现的感觉。

在每次刷新屏幕时,不断移动上下管道以及根据玩家是否单击屏幕或按空格键来移动小鸟位置并判断是否碰到了管道,如果碰到或小鸟落地则游戏结束。

19.2.3 小鸟和管道的实现

在 Flappy Bird 游戏中,主要有两个对象:小鸟和管道。可以创建 Bird 类和 PineLine 类来分别表示这两个对象。小鸟可以通过上下移动来躲避管道,所以在 Bird 类中创建一个 birdUpdate()方法,实现小鸟的上下移动。为了体现小鸟向前飞行的特征,可以使管道一直向左移动,这样在窗口中就好像是小鸟在向前飞行。所以在 PineLine 类中也创建一个 pineLineUpdate()方法,实现管道的向左移动。

19.3 关键技术

视频讲解

Pygame 是一个跨平台的 Python 模块,专为电子游戏设计,包含图像、声音功能和网络支持,这些功能使开发者很容易用 Python 编写一个游戏。虽然不使用 Pygame 也可以编写一个游戏,但如果能充分利用 Pygame 库中已经编写好的代码,开发要容易得多。Pygame 能把游戏设计者从低级语言的束缚中解放出来,使其专注于游戏逻辑本身。

19.3.1 安装 Pygame 库

在开发 Pygame 程序之前,需要安装 Pygame 库。在命令行(cmd)下运行以下命令。

```
D:\> pip install pygame
```

一旦安装了 Pygame,就可以在 IDLE 交互模式中输入以下语句检验是否安装成功:

```
>>> import pygame
>>> print(pygame.ver)
1.9.2a0
```

1.9.2 是 Pygame 的最新版本,读者也可以找一找其他更新的版本。

19.3.2 Pygame 的模块

Pygame 有大量可以被独立使用的模块。对于计算机的常用设备,都有对应的模块来进行控制,例如 pygame.display 是显示模块,pygame.keyboard 是键盘模块,pygame.mouse 是鼠标模块,同时 Pygame 还具有一些用于特定功能的模块,如表 19-1 所示。

表 19-1 Pygame 软件包中的模块

模 块 名	功 能
pygame.cdrom	访问光驱
pygame.cursors	加载光标
pygame.display	访问显示设备
pygame.draw	绘制形状、线和点
pygame.event	管理事件
pygame.font	使用字体
pygame.image	加载和存储图片
pygame.joystick	使用游戏手柄或者类似的东西
pygame.key	读取键盘按键
pygame.mixer	声音
pygame.mouse	鼠标
pygame.movie	播放视频
pygame.music	播放音频
pygame.overlay	访问高级视频叠加
pygame.rect	管理矩形区域
pygame.sndarray	操作声音数据
pygame.sprite	操作移动图像
pygame.surface	管理图像和屏幕
pygame.time	管理时间和帧信息
pygame.transform	缩放和移动图像

下面对常用模块进行简要说明。

1. pygame.surface

模块中有一个surface( )函数,surface( )函数的一般格式为:

```
pygame.surface((width, height), flags = 0, depth = 0, masks = none)
```

它返回一个新的surface对象。这里的Surface对象是一个有确定大小尺寸的空图像,可以用它来进行图像绘制与移动。

2. pygame.locals

pygame.locals模块中定义了Pygame环境中用到的各种常量,而且包括事件类型、按键和视频模式等的名字。在导入所有内容(from pygame.locals import *)时用起来是很安全的。

如果知道需要的内容,也可以导入具体的内容(如 from pygame.locals import FULLSCREEN)。

3. pygame.display

pygame.display模块包括处理Pygame显示方式的函数,其中包括普通窗口和全屏模式。游戏程序通常需要使用pygame.display模块中的以下函数。

(1) flip/update 更新显示。

flip:更新显示。一般说来,修改当前屏幕的时候要经过两步,首先需要对get_surface( )函数返回的Surface对象进行修改,然后调用pygame.display.flip( )更新显示以反映所做的修改。

update:在只想更新屏幕一部分的时候使用update( )函数,而不是flip( )函数。

(2) set_mode 建立游戏窗口,返回Surface对象。它有3个参数:第1个参数是元组,指定窗口的尺寸;第2个参数是标志位,具体含义如表19-2所示。例如,FULLSCREEN表示全屏,默认值为不进行对窗口设置,读者可根据需要选用。第3个参数为色深,指定窗口的色彩位数。

表19-2 set_mode的窗口标志位参数取值

窗口标志位	功　　能
FULLSCREEN	创建一个全屏窗口
DOUBLEBUF	创建一个"双缓冲"窗口,建议在HWSURFACE或者OPENGL时使用
HWSURFACE	创建一个硬件加速的窗口,必须和FULLSCREEN同时使用
OPENGL	创建一个OPENGL渲染的窗口
RESIZABLE	创建一个可以改变大小的窗口
NOFRAME	创建一个没有边框的窗口

(3) set_caption 设定游戏程序标题。当游戏以窗口模式口模式(对应于全屏)运行时尤其有用,因为该标题会作为窗口的标题。

(4) get_surface 返回一个可用来画图的Surface对象。

4. pygame.font

字体pygame.font模块用于表现不同字体,可以用于文本。

5. pygame.sprite

pygame.sprite 模块有两个非常重要的类：sprite 精灵类和 group 精灵组。

sprite 精灵类是所有可视游戏的基类。为了实现自己的游戏对象，需要子类化 sprite，覆盖它的构造函数以设定 image 和 rect 属性（决定 Sprite 的外观和放置的位置），再覆盖 update()方法。在 sprite 需要更新的时候可以调用 update()方法。

group 精灵组的实例用作精灵 sprite 对象的容器。在一些简单的游戏中，只要创建名为 sprites、allsprite 或是其他类似的组，然后将所有 sprite 精灵对象添加到上面即可。group 精灵组对象的 update()方法被调用时，就会自动调用所有 sprite 精灵对象的 update()方法。group 精灵组对象的 clear()方法用于清理它包含的所有 sprite 对象（使用回调函数实现清理），group 精灵组对象 draw()方法用于绘制所有的 sprite 对象。

6. pygame.mouse

pygame.mouse 用来管理鼠标。

pygame.mouse.set_visible(false/true)隐藏/显示鼠标光标。

pygame.mouse.get_pos()获取鼠标位置。

7. pygame.event

pygame.event 模块会追踪鼠标单击、鼠标移动、按键按下和释放等事件。其中，pygame.event.get()可以获取最近事件列表。

8. pygame.image

这个模块用于处理保存在 GIF、PNG 或者 JPEG 内的图形。可用 load()函数读取图像文件。

19.3.3 Pygame 开发游戏的主要流程

Pygame 开发游戏的基础是创建游戏窗口，核心是处理事件、更新游戏状态和在屏幕上绘图。游戏状态可理解为程序中所有变量值的列表。在有些游戏中，游戏状态包括存放人物健康状态和位置的变量、物体或图形位置的变化，这些值可以在屏幕上显示。

物体或图形位置的变化只有通过在屏幕上绘图才能看出来。

可以简单地抽象出 Pygame 开发游戏的主要流程，如图 19-3 所示。

下面用一个具体例子说明。

【例 19-1】 使用 Pygame 开发一个显示"Hello World!"标题的游戏窗口。

```
import pygame                    # 导入 Pygame 模块
from pygame.locals import *
import sys
def hello_world():
    pygame.init()                # 任何 Pygame 程序均需要执行此句进行模块初始化
    # 设置窗口的模式,(680,480)表示窗口像素,及(宽度,高度)
    # 此函数返回一个 Surface 对象,本程序不使用它,故没保存到对象变量中
    pygame.display.set_mode((680, 480))
```

```python
        pygame.display.set_caption('Hello World!')          # 设置窗口标题

        # 无限循环,直到接收到窗口关闭事件
        while True:
            # 处理事件
            for event in pygame.event.get():
                if event.type == QUIT:                       # 接收到窗口关闭事件
                    pygame.quit()                            # 退出
                    sys.exit()
            # 将 Surface 对象上绘制在屏幕上
            pygame.display.update()
if __name__ == "__main__":
    hello_world()
```

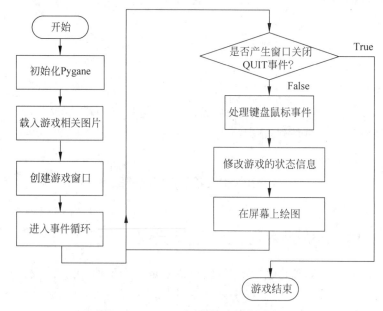

图 19-3　Pygame 开发游戏的主要流程

程序运行后,仅仅见到黑色的游戏窗口,标题是"Hello World!",如图 19-4 所示。

图 19-4　Pygame 开发的游戏窗口

导入 Pygame 模块后,任何 Pygame 游戏程序均需要执行 pygame.init()语句进行模块初始化。它必须在进入游戏的无限循环之前被调用。这个函数会自动初始化其他所有模块(如 pygame.font 和 pygame.image),通过它载入驱动和硬件请求,游戏程序才可以使用计算机上的所有设备,它比较费时间。如果只使用少量模块,应该分别初始化这些模块以节省时间,例如 pygame.sound.init()仅仅初始化声音模块。

代码中有一个无限循环,这是因为每个 Pygame 程序均需要它,在无限循环中可以做以下工作:

(1) 处理事件,例如鼠标、键盘、关闭窗口等事件。
(2) 更新游戏状态,例如坦克位置变化、数量变化等。
(3) 在屏幕上绘图,例如绘制新的敌方坦克等。

不断重复上面的 3 个步骤从而完成游戏逻辑。

本例代码中仅仅处理关闭窗口事件,也就是玩家关闭窗口时 pygame.quit()退出游戏。

19.3.4 Pygame 的图形图像绘制

1. Pygame 的图像绘制

Pygame 支持多种存储图像的方式(也就是图片格式),比如 JPEG、PNG 等,具体支持的格式如下:JPEG(一般扩展名为.jpg 或者.jpeg,数码相机、网上的图片基本都是这种格式。这是一种有损压缩方式,尽管对图片质量有些损坏,但对于减小文件尺寸非常棒。其优点很多,只是不支持透明)、PNG(支持透明,无损压缩)、GIF(网上使用的很多,支持透明和动画,只是只能有 256 种颜色,软件和游戏中使用很少)以及 BMP、PCX、TGA、TIF 等。

Pygame 使用 Surface 对象来加载绘制图像。对于 Pygame 加载图片就是 pygame.image.load(),给它一个文件名然后就返回一个 Surface 对象。尽管读入的图像格式各不相同,但是 Surface 对象隐藏了这些不同。用户可以对一个 Surface 对象进行涂画、变形、复制等各种操作。事实上,游戏屏幕也只是一个 Surface 对象,pygame.display.set_mode()就返回了一个屏幕 Surface 对象。

对于任何一个 Surface 对象,可以用 get_width()、get_height()和 gei_size()函数来获得它的尺寸。get_rect()获取它的区域形状。

【例 19-2】 使用 Pygame 开发一个显示坦克自由移动的游戏窗口。

```
import pygame
from pygame.locals import *
import sys
def play_tank():
    pygame.init()
    window_size = (width, height) = (600, 400)      #窗口大小
    speed = [1, 1]                                   #坦克运行偏移量[水平,垂直],值越大,移动越快
    color_black = (255, 255, 255)                    #窗口背景色 RGB 值(白色)
    screen = pygame.display.set_mode(window_size)    #设置窗口模式
    pygame.display.set_caption('自由移动的坦克')      #设置窗口标题
    tank_image = pygame.image.load('tankU.bmp')      #加载坦克图片,返回一个 Surface 对象
    tank_rect = tank_image.get_rect()                #获取坦克图片的区域形状
```

```
            while True:                                          #无限循环
                for event in pygame.event.get():
                    if event.type == pygame.QUIT:                #退出事件处理
                        pygame.quit()
                        sys.exit()

                #使坦克移动,速度由 speed 变量控制
                tank_rect = tank_rect.move(speed)
                #当坦克运动出窗口时,重新设置偏移量
                if (tank_rect.left < 0) or (tank_rect.right > width):    #水平方向
                    speed[0] = - speed[0]                                #水平方向反向
                if (tank_rect.top < 0) or (tank_rect.bottom > height):   #垂直方向
                    speed[1] = - speed[1]                                #垂直方向反向
                screen.fill(color_black)                         #填充窗口背景
                screen.blit(tank_image, tank_rect)               #在窗口 Surface 指定区域 tank_rect 上绘制坦克
                pygame.display.update()                          #更新窗口显示内容

if __name__ == '__main__':
    play_tank()
```

程序运行后,见到白色背景的游戏窗口,标题是"自由移动的坦克",如图19-5所示。

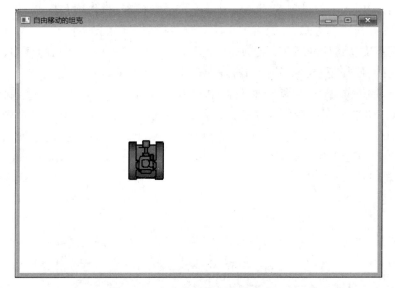

图 19-5　自由移动的坦克游戏窗口

游戏中通过修改坦克图像(Surface 对象)区域的 left 属性(可以认为是 x 坐标),Surface 对象的 top 属性(可以认为是 y 坐标)改变坦克位置,从而显示出坦克自由移动的效果。在窗口(窗口也是 Surface 对象)使用 blit()函数绘制坦克图像,最后注意需要更新窗口显示内容。

设置 fpsClock 变量的值即可控制游戏速度。代码如下:

```
fpsClock = pygame.time.Clock()
```

在无限循环中写入 fpsClock.tick(50)，可以按指定帧频 50f/s 更新游戏画面（即每秒刷新 50 次屏幕）。

2. Pygame 的图形绘制

在屏幕上绘制各种图形是 pygame.draw 模块中的一些函数，事实上 Pygame 可以不加载任何图片，而使用图形来制作一个游戏。

pygame.draw 中函数的第一个参数总是一个 surface，然后是颜色，再后面是一系列的坐标等。计算机里的坐标，(0,0) 代表左上角，水平向右为 x 正方向，垂直向下为 y 正方向。函数返回值是一个 Rect 对象，包含了绘制的区域，这样就可以很方便地更新了。pygame.draw 中的函数如表 19-3 所示。

表 19-3　pygame.draw 中的函数

函　　数	作　　用
rect()	绘制矩形
polygon()	绘制多边形（三个及三个以上的边）
circle()	绘制圆
ellipse()	绘制椭圆
arc()	绘制圆弧
line()	绘制线
lines()	绘制一系列的线
aaline()	绘制一根平滑的线
aalines()	绘制一系列平滑的线

19.3.5　Pygame 的键盘和鼠标事件的处理

所谓事件（event）就是程序上发生的事。例如用户敲击键盘上某一个键或者单击、移动鼠标。而对于这些事件，游戏程序需要做出反应。例 19-2 的程序中，程序会一直运行下去直到用户关闭窗口而产生了一个 QUIT 事件，Pygame 会接收用户的各种操作（比如按键盘、移动鼠标等）产生事件。事件随时可能发生，而且量也可能会很大，Pygame 的做法是把一系列的事件存放在一个队列里，逐个处理。

例 19-2 的程序中，使用了 pygame.event.get() 来处理所有的事件，如果使用 pygame.event.wait()，Pygame 就会等到发生一个事件才继续下去，一般游戏中不太实用，因为游戏往往是需要动态运作的。Pygame 常用事件如表 19-4 所示。

表 19-4　Pygame 常用事件

事　　件	产 生 途 径	参　　数
QUIT	用户按下"关闭"按钮	none
ATIVEEVENT	Pygame 被激活或者隐藏	gain,state
KEYDOWN	键盘被按下	unicode,key,mod
KEYUP	键盘被放开	key,mod
MOUSEMOTION	鼠标移动	pos,rel,buttons
MOUSEBUTTONDOWN	鼠标按下	pos,button
MOUSEBUTTONUP	鼠标放开	pos,button

1. Pygame 的键盘事件的处理

用 pygame.event.get()获取所有的事件,当 event.type == KEYDOWN 的时候,这时是键盘事件,再判断按键 event.key 的种类(即 K_a、K_b、K_LEFT 这种形式)。也可以用 pygame.key.get_pressed()来获得所有按下的键值,它会返回一个元组。这个元组的索引就是键值,对应的就是是否按下。

```
pressed_keys = pygame.key.get_pressed()
if pressed_keys[K_SPACE]:
    #空格键被按下
    fire()                                          #发射子弹
```

key 模块下有很多函数:
- key.get_focused ——返回当前的 Pygame 窗口是否激活。
- key.get_pressed ——获得所有按下的键值。
- key.get_mods ——按下的组合键(Alt、Ctrl、Shift)。
- key.set_mods ——模拟按下组合键的效果(KMOD_ALT、KMOD_CTRL、KMOD_SHIFT)。

2. Pygame 的鼠标事件的处理

pygame.mouse 的函数:
- pygame.mouse.get_pressed ——返回按键按下情况,返回的是一元组,分别为(左键,中键,右键),如果按下则为 True。
- pygame.mouse.get_rel ——返回相对偏移量(x 方向偏移量,y 方向偏移量)的一元组。
- pygame.mouse.get_pos ——返回当前鼠标位置(x, y)。

例如:

```
x, y = pygame.mouse.get_pos()                       #获得鼠标位置
```

- pygame.mouse.set_pos ——设置鼠标位置。
- pygame.mouse.set_visible ——设置鼠标光标是否可见。
- pygame.mouse.get_focused ——如果鼠标在 Pygame 窗口内有效,则返回 True。
- pygame.mouse.set_cursor ——设置鼠标的默认光标样式。
- pyGame.mouse.get_cursor ——返回鼠标的光标样式。

【例 19-3】 使用 Pygame 开发一个用户控制坦克移动的游戏。在例 19-2 的基础上增加通过方向键控制坦克运动,并为游戏增加背景图片。程序运行效果如图 19-6 所示。

```
import os
import sys
import pygame
from pygame.locals import *
def control_tank(event):                            #控制坦克运动函数
    speed = [x, y] = [0, 0]                         #相对坐标
    speed_offset = 1                                #速度
```

```python
        #当方向键按下时,进行位置计算
        if event.type == pygame.KEYDOWN:
            if event.key == pygame.K_LEFT:
                speed[0] -= speed_offset
            if event.key == pygame.K_RIGHT:
                speed[0] = speed_offset
            if event.key == pygame.K_UP:
                speed[1] -= speed_offset
            if event.key == pygame.K_DOWN:
                speed[1] = speed_offset
        #当方向键释放时,相对偏移为0,即不移动
        if event.type == pygame.KEYUP:
            speed = [0, 0]
    return speed

def play_tank():
    pygame.init()
    window_size = Rect(0, 0, 600, 400)          #窗口大小
    speed = [1, 1]                              #坦克运行偏移量[水平,垂直],值越大,移动越快
    color_black = (255, 255, 255)               #窗口背景色 RGB 值(白色)
    screen = pygame.display.set_mode(window_size.size)     #设置窗口模式
    pygame.display.set_caption('用户方向键控制坦克移动')    #设置窗口标题
    tank_image = pygame.image.load('tankU.bmp')           #加载坦克图片
    #加载窗口背景图片
    back_image = pygame.image.load('back_image.jpg')
    tank_rect = tank_image.get_rect()           #获取坦克图片的区域形状

    while True:
        #退出事件处理
        for event in pygame.event.get():        # pygame.event.get()获取事件序列
            if event.type == pygame.QUIT:
                pygame.quit()
                sys.exit()

        #使坦克移动,速度由 speed 变量控制
        cur_speed = control_tank(event)
        #Rect 的 clamp()方法使移动范围限制在窗口内
        tank_rect = tank_rect.move(cur_speed).clamp(window_size)
        screen.blit(back_image, (0, 0))         #设置窗口背景图片
        screen.blit(tank_image, tank_rect)      #在窗口 Surface 上绘制坦克
        pygame.display.update()                 #更新窗口显示内容
if __name__ == '__main__':
    play_tank()
```

当用户按下方向键时,计算出相对位置 cur_speed 后,使用 tank_rect.move(cur_speed) 函数向指定方向移动坦克。释放方向键时坦克停止移动。

图 19-6　方向键控制坦克运动的游戏窗口

19.3.6　Pygame 的声音播放

1. Sound 对象

在初始化声音设备后,就可以读取一个音乐文件到一个 Sound 对象中了。pygame.mixer.Sound()接收一个文件名,或者也可以是一个文件对象,不过这个文件必须是 WAV 或者 OGG。

```
hello_sound = Pygame.mixer.Sound("hello.ogg")    #建立 Sound 对象
hello_sound.play()                                #声音播放一次
```

一旦这个 Sound 对象出来了,可以使用 play()来播放它。play(loop,maxtime)可以接受两个参数:loop 是重复的次数(取 1 是两次,是重复的次数而不是播放的次数),-1 意味着无限循环;maxtime 是指多少毫秒后结束播放。

当不使用任何参数调用的时候,意味着把这个声音播放一次。一旦 play()方法调用成功,就会返回一个 Channel 对象,否则返回一个 None。

2. Music 对象

Pygame 中另外提供了一个 pygame.mixer.music 类来控制背景音乐的播放。pygame.mixer.music 用来播放 MP3 和 OGG 音乐文件,不过 MP3 并不是所有的系统都支持(Linux 默认就不支持 MP3 播放)。使用 pygame.mixer.music.load()来加载一个文件,然后使用 pygame.mixer.music.play()来播放,不放的时候就用 stop()方法来停止,当然也有类似录影机上的 pause()和 unpause()方法。

```
#加载背景音乐
pygame.mixer.music.load("hello.mp3")
pygame.mixer.music.set_volume(music_volume/100.0)
```

```python
# 循环播放,从音乐第 30 秒开始
pygame.mixer.music.play(-1, 30.0)
```

在游戏退出事件中加入停止音乐播放的代码:

```python
# 停止音乐播放
pygame.mixer.music.stop()
```

19.4 Flappy Bird 游戏设计的步骤

19.4.1 Bird 类

下面创建小鸟类。该类需要初始化多个参数,所以定义一个 __init__() 方法,用来初始化各种参数,包括鸟的飞行状态、鸟所在 x 轴坐标、y 轴坐标、跳跃高度、重力等。

```python
class Bird(object):
    """定义一个鸟类"""
    def __init__(self):
        """定义初始化方法"""
        self.birdRect = pygame.Rect(65, 50, 50, 50)  # 鸟的矩形
        # 定义鸟的 3 种状态列表
        self.birdStatus = [pygame.image.load("assets/1.png"),
                           pygame.image.load("assets/2.png"),
                           pygame.image.load("assets/dead.png")]
        self.status = 0                    # 默认飞行状态
        self.birdX = 120                   # 鸟所在 x 轴坐标,即是向右飞行的速度
        self.birdY = 350                   # 鸟所在 y 轴坐标,即上下飞行高度
        self.jump = False                  # 默认情况小鸟自动降落
        self.jumpSpeed = 10                # 跳跃高度
        self.gravity = 5                   # 重力
        self.dead = False                  # 默认小鸟生命状态为活着
```

在 Bird 类中设置了 birdStatus 属性,该属性是一个小鸟图片列表,列表中显示小鸟的 3 种飞行状态,根据小鸟的不同状态 self.status 可以加载相应的图片。

定义 birdUpdate() 方法,该方法用于实现小鸟的跳跃和坠落。

```python
def birdUpdate(self):
    if self.jump:
        # 小鸟跳跃
        self.jumpSpeed -= 1                # 速度递减,上升越来越慢
        self.birdY -= self.jumpSpeed       # 鸟的 y 轴坐标减小,小鸟上升
    else:
        # 小鸟坠落
        self.gravity += 0.2                # 重力递增,下降越来越快
        self.birdY += self.gravity         # 鸟的 y 轴坐标增加,小鸟下降
    self.birdRect[1] = self.birdY          # 更改矩形中鸟的 y 轴位置
```

在birdUpdate()方法中,为了达到较好的动画效果,使jumpSpeed和gravity两个属性逐渐变化模拟重力加速度和飞行效果。

19.4.2 Pipeline 类

下面创建管道类。该类同样用__init__()初始化多个参数,包括设置管道的坐标、加载上下管道的图片等。

```python
class Pipeline(object):
    """定义一个管道类"""
    def __init__(self):
        """定义初始化方法"""
        self.wallx = 400                                    # 管道所在 x 轴坐标
        self.wally_Up = random.random() * 100 - 350         # 上管道所在 y 轴坐标
        self.wally_Down = 500 - random.random() * 100       # 下管道所在 y 轴坐标
        self.pineUp = pygame.image.load("assets/top.png")
        self.pineDown = pygame.image.load("assets/bottom.png")
```

定义pineLineUpdate()方法,该方法用于实现管道向左移动,并且当管道移出屏幕时,重新在屏幕右侧绘制下一组管道。

```python
    def pineLineUpdate (self):
        """管道移动方法"""
        self.wallx -= 5                                     # 管道 x 轴坐标递减,即管道向左移动
        # 当管道运行到一定位置,即小鸟飞越管道,分数加1,并且重置管道
        if self.wallx < -80:
            global score
            score += 1                                      # 分数加 1
            self.wallx = 400
            self.wally_Up = random.random() * 100 - 350     # 上管道所在 y 轴坐标
            self.wally_Down = random.random() * 50 + 350    # 下管道所在 y 轴坐标
```

当小鸟飞越管道时,玩家的得分加1。这里对于飞过管道的逻辑做了简化处理:当管道移动到窗体左侧一定距离(这里设置为80个像素)后,默认为小鸟飞过了管道,使分数加1。

19.4.3 主程序

主程序实现游戏的逻辑。Flappy Bird游戏有两个对象:小鸟和管道。先来实例化创建这两个对象Pipeline和Bird。然后在游戏循环中,判断是否是按键事件和单击鼠标事件,如果是则设置小鸟的jump属性为True,表示是跳跃状态,同时重置重力和跳跃速度。循环中不断检测小鸟生命状态,如果小鸟死亡,则显示游戏总分数,否则更新游戏背景和重新显示管道位置。

```python
import pygame
import sys
import random
if __name__ == '__main__':
```

第19章 Pygame游戏编程——Flappy Bird游戏

```python
"""主程序"""
pygame.init()                                    # 初始化 Pygame
pygame.font.init()                               # 初始化字体
font = pygame.font.SysFont("Arial", 50)          # 设置字体和大小
size = width, height = 400, 650                  # 设置窗口
screen = pygame.display.set_mode(size)           # 显示窗口
clock = pygame.time.Clock()                      # 设置时钟
Pipeline = Pipeline()                            # 实例化管道类
Bird = Bird()                                    # 实例化鸟类
score = 0
while True:
    clock.tick(30)                               # 每秒执行 30 次,控制游戏的速度
    # 轮询事件
    for event in pygame.event.get():
        if event.type == pygame.QUIT:
            sys.exit()
        # 按键事件和单击鼠标事件
        if (event.type == pygame.KEYDOWN or event.type == pygame.MOUSEBUTTONDOWN) and not Bird.dead:
            Bird.jump = True                     # 跳跃
            Bird.gravity = 5                     # 重力
            Bird.jumpSpeed = 10                  # 跳跃速度

    background = pygame.image.load("assets/background.png")   # 加载背景图片
    if checkDead() :                             # 检测小鸟生命状态
        getResutl()                              # 如果小鸟死亡,则显示游戏总分数
        break
    else :
        createMap()                              # 创建地图
pygame.quit()
```

checkDead()完成检测小鸟生命状态,判断小鸟是否碰到上方管道和下方管道,当小鸟碰到管道时,小鸟的颜色变成灰色,游戏结束并显示分数。在 checkDead()函数中通过 Rect()来获取小鸟的矩形和管道的矩形对象,矩形对象有一个 colliderect()可以判断两个矩形区域是否碰撞。如果相撞,则设置 Bird.dead 为 True。同时检测小鸟是否飞出窗体上下边界,当小鸟飞出时也设置 Bird.dead 为 True,代表小鸟死亡。

```python
def checkDead():
    # 上方管道的矩形位置
    upRect = pygame.Rect(Pipeline.wallx,Pipeline.wally_Up,
                         Pipeline.pineUp.get_width() - 10,
                         Pipeline.pineUp.get_height())
    # 下方管道的矩形位置
    downRect = pygame.Rect(Pipeline.wallx,Pipeline.wally_Down,
                           Pipeline.pineDown.get_width() - 10,
                           Pipeline.pineDown.get_height())
    # 检测小鸟与上下方管道是否碰撞
    if upRect.colliderect(Bird.birdRect) or downRect.colliderect(Bird.birdRect):
        Bird.dead = True                         # 小鸟死亡
```

```python
    # 检测小鸟是否飞出上下边界
    if not 0 < Bird.birdRect[1] < height:
        Bird.dead = True          # 小鸟死亡
        return True
    else :
        return False
```

createMap()函数显示背景图片、管道和小鸟。根据小鸟是否起飞(用户按键或单击鼠标时起飞)、撞到管道设置不同的状态值,从而显示出不同的小鸟图片。同时调用 Bird.birdUpdate()实现小鸟的移动,最后显示分数。

```python
def createMap():
    """定义创建地图的方法"""
    screen.fill((255, 255, 255))                              # 填充颜色
    screen.blit(background, (0, 0))                           # 填入到背景
    # 显示管道
    screen.blit(Pipeline.pineUp,(Pipeline.wallx,Pipeline.wally_Up));    # 上管道坐标位置
    screen.blit(Pipeline.pineDown,(Pipeline.wallx,Pipeline.wally_Down)); # 下管道坐标位置
    Pipeline.pineLineUpdate()                                 # 管道移动
    # 显示小鸟
    if Bird.dead:                                             # 撞管道状态
        Bird.status = 2
    elif Bird.jump:                                           # 起飞状态
        Bird.status = 1
    screen.blit(Bird.birdStatus[Bird.status], (Bird.birdX, Bird.birdY))  # 显示小鸟图片
    Bird.birdUpdate()                                         # 鸟移动
    # 显示分数
    screen.blit(font.render('Score:' + str(score), -1,(255, 255, 255)),(100, 50))
                                                              # 设置颜色及位置
    pygame.display.update()                                   # 更新显示
```

小鸟死亡,调用 getResult()实现游戏结束的画面。

```python
def getResult():
    final_text1 = "Game Over"
    final_text2 = "Your final score is: " + str(score)
    ft1_font = pygame.font.SysFont("Arial", 70)               # 设置第一行文字字体
    ft1_surf = font.render(final_text1, 1, (242,3,36))        # 设置第一行文字颜色
    ft2_font = pygame.font.SysFont("Arial", 50)               # 设置第二行文字字体
    ft2_surf = font.render(final_text2, 1, (253, 177, 6))     # 设置第二行文字颜色
    screen.blit(ft1_surf, [screen.get_width()/2 - ft1_surf.get_width()/2, 100])
                                                              # 设置第一行文字显示位置
    screen.blit(ft2_surf, [screen.get_width()/2 - ft2_surf.get_width()/2, 200])
                                                              # 设置第二行文字显示位置
    pygame.display.flip()                       # 更新整个待显示的 Surface 对象到屏幕上
```

本实例已经实现 Flappy Bird 游戏的基本功能,但还有很多需要完善的地方,如设置游戏的难度、飞行速度等,读者可以尝试完善。

第 20 章

视频讲解

图形化的应用——21点扑克牌游戏

20.1　21点扑克牌游戏功能介绍

　　21点游戏是玩家要取得比庄家更大的点数总和,但点数超过21点即为输牌,并输掉注码。J、Q、K算10点,A可算1点或11点,其余按牌面值计点数。开始时每人发两张牌,一张明,一张暗,凡点数不足21点,可选择继续要牌。

　　本章开发的21点扑克牌游戏运行界面如图20-1所示。为简化起见,游戏有两方:一

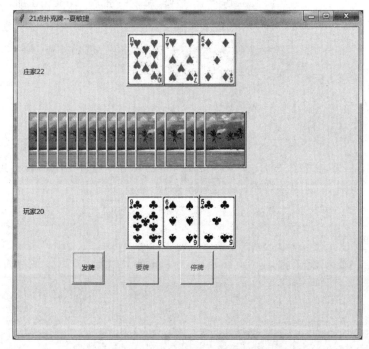

图 20-1　21点扑克牌游戏运行界面

为 Dealer(庄家),另一方为 Player(玩家),都发明牌,无下注过程。Dealer(庄家)要牌过程由程序自动实现。游戏能够判断玩家输赢。

20.2 程序设计的思路

扑克游戏编程关键的有两点:一是扑克牌面的设计;二是扑克游戏规则的算法实现。

1. 扑克牌面的设计

21 点游戏中,一张牌要有 4 个属性说明:Face 牌面大小,值为 0,1,…,12(代表 A,2,3,4,5,6,7,8,9,10,J,Q,K);suitType 牌面花色,值为 0~3(代表梅花、方块、黑桃、红桃),Count 计算点数以及 FaceUp 牌面是否向上(False 是背面,True 是正面)。这里用 Card 类设计扑克牌。

为了设计扑克牌牌面,使用 Button 组件显示图片的功能实现,所以这里 Card 类继承 Button 组件从而具有显示扑克牌牌面功能。

```
if self.faceup:                    #牌面是否向上
    self["image"] = bm             #显示牌面图形 bm
else:
    self["image"] = back           #显示背面图形 back
```

2. 扑克游戏规则的算法实现

游戏开始时,生成 52 张牌,添加到 Deck 列表(代表一副牌)中,并将 Deck 列表中元素打乱,达到洗牌的目的。TopCard 指定从第几张牌开始发起,每发一张牌 TopCard 加 1,游戏过程中通过 Deck[TopCard]可以确定是哪张牌。

```
for i in range(0,4) :              #0~3(代表梅花、方块、黑桃、红桃)
    for j in range(0,13):          #0~12(代表 A,2,3,4,5,6,7,8,9,10,J,Q,K)
        card = Card((j+1) + 13 * i,0,j,i,win,imgs[i + 4 * j])
        Deck.append(card)
random.shuffle(Deck)               #将列表中元素打乱,洗牌
TopCard = 0                        #发第几张牌
```

在游戏过程中,为简化起见,仅仅判断庄家(计算机)牌的点数是否超过 18 点,若不到则继续要牌。dealerPlay()实现庄家选牌并判断庄家输赢。

```
while True:
    if (dealerCount < 18):
        Deck[TopCard].DrawCard(200 + 65 * idcard, 10);
        dealerCount += Deck[TopCard].count
        if (dealerCount > 21 and dealerAce >= 1):
            dealerCount -= 10
            dealerAce -= 1;
        if (Deck[TopCard].face == 0 and dealerCount <= 11):
                                   # face == 0 则是 A 牌且庄家点数小于 11
            dealerCount += 10      # 则 A 当 11,A 本身点数为 1
```

```
            TopCard += 1;
        else:
            break
```

游戏过程中,玩家通过单击"要牌"实现要牌过程,当玩家不需要牌时,单击"停牌"按钮,则游戏判断玩家的输赢。

20.3　程序设计的步骤

1. 设计扑克牌类

扑克牌类继承 Button 组件,从而解决牌的显示问题。DrawCard(self,x,y)指定在位置(x,y)显示 Button(即扑克牌)。RemoveCard(self) 指定在位置(x=-100,y=-100)显示 Button(即扑克牌),即将已发过的扑克牌移到窗口外,达到不可见的目的。

```python
from tkinter import *
from tkinter.messagebox import *
import random
class Card(Button):                                      #扑克牌类
    def __init__(self,x,y,face,suitType,master,bm):      #构造函数
        Button.__init__(self,master)
        self.X = x
        self.Y = y
        self.face = face          #牌面大小,值为0,1,…,12(代表A,2,3,4,5,6,7,8,9,10,J,Q,K)
        self.suitType = suitType  #牌面花色,值0～3(代表草花、方块、红桃、黑桃)
        #self.bind("<ButtonPress>",btn_MouseDown)
        #self.bind("<ButtonRelease>",btn_Realse)
        self.place(x = self.X * 18, y = self.Y * 20 + 150)
        if (face < 10):
            self.count = face + 1                        #self.count 是点数
        else:
            self.count = 10                              #J,Q,K
        self.faceup = False                              #牌面向下
        self.img = bm
        if self.faceup:                                  #牌面是否向上
            self["image"] = bm                           #显示牌面图形 bm
        else:
            self["image"] = back                         #显示背面图形 back
    def DrawCard(self,x,y):                              #在指定位置显示扑克牌
        self.place(x = x,y = y)
        self["image"] = self.img
    def RemoveCard(self):                                #移到窗口外,达到不可见的目的
        self.place(x = -100,y = -100)
```

2. 主程序

游戏界面中,添加 3 个命令按钮和 2 个标签。bt1 为"发牌",bt2 为"要牌",bt3 为"停牌"。label1 记录玩家点数,label2 记录庄家点数。

```python
win = Tk()                                          #创建窗口对象
win.title("21点扑克牌 -- 夏敏捷")                    #设置窗口标题
win.geometry("995x550")
#52张扑克牌的正面图片,存储在image文件夹中
imgs = [PhotoImage(file = 'image\\' + str(i) + '.gif')for i in range(1,53)]
#扑克牌背面图片
back = PhotoImage(file = 'image\\0.gif')
Deck = []
TopCard = 0                                         #发第几张牌
dealerAce = 0                                       #庄家A牌个数
playerAce = 0                                       #玩家A牌个数
dealerCount = 0                                     #庄家点数
playerCount = 0                                     #玩家点数
ipcard = 0
idcard = 0
bt1 = Button(win, text = '发牌', width = 60, height = 60)
bt1.place(x = 100,y = 400, width = 60, height = 60)

bt2 = Button(win, text = '要牌', width = 60, height = 60)
bt2.place(x = 200,y = 400, width = 60, height = 60)

bt3 = Button(win, text = '停牌', width = 60, height = 60)
bt3.place(x = 300,y = 400, width = 60, height = 60)
bt1.focus_set()                                     #将焦点设置到bt1上
bt1.bind("<ButtonPress>", callback1)                #"发牌"按钮事件
bt2.bind("<ButtonPress>", callback2)                #"要牌"按钮事件
bt3.bind("<ButtonPress>", callback3)                #"停牌"按钮事件
bt1["state"] = NORMAL
bt2["state"] = DISABLED
bt3["state"] = DISABLED
label1 = Label(win, text = '玩家', width = 60, height = 60) #玩家点数提示信息标签
label1.place(x = 0,y = 300, width = 60, height = 60)
label2 = Label(win, text = '电脑', width = 60, height = 60) #电脑庄家点数提示信息标签
label2.place(x = 0,y = 50, width = 60, height = 60)
list = [i for i in range(0,53)]
for i in range(0,4):                                #0--3(代表梅花、方块、黑桃、红桃)
    for j in range(0,13):                           #0--12(代表A,2,3,4,5,6,7,8,9,10,J,Q,K)
        card = Card((j+1) + 13 * i,0,j,i,win,imgs[i + 4 * j])
        Deck.append(card)
random.shuffle(Deck)                                #将列表中元素打乱,达到洗牌的目的
win.mainloop()
```

3. "发牌"按钮事件代码

发牌意味着重新开始一局游戏,因此需要把上局玩家和庄家的扑克牌移出窗口外,并分别给玩家和庄家分别发2张牌,并计算出玩家和庄家各自的点数。

```python
def callback1(event):                               #"发牌"按钮事件
    global TopCard, ipcard, idcard
    global dealerAce, playerAce, dealerCount, playerCount
```

```
dealerAce = 0                        #庄家A牌个数
playerAce = 0                        #玩家A牌个数
dealerCount = 0                      #庄家点数
playerCount = 0                      #玩家点数
if(TopCard > 0):
    for i in range(0,TopCard) :
        Deck[i].RemoveCard()         #已发过的牌移到窗口外
#画玩家第一张牌面
Deck[TopCard].DrawCard(200, 300)     #绘制到屏幕的坐标为(200,300)
playerCount = playerCount + Deck[TopCard].count
if (Deck[TopCard].face == 0):        #A牌
    playerCount += 10
    playerAce += 1
TopCard += 1

#画庄家第一张牌面
Deck[TopCard].DrawCard(200, 10)      #绘制到屏幕的坐标为(200,10)
dealerCount += Deck[TopCard].count
if (Deck[TopCard].face == 0):        #A牌
    dealerCount += 10
    dealerAce += 1
TopCard += 1
# *******************************
#画玩家第二张牌面
Deck[TopCard].DrawCard(265, 300)
playerCount += Deck[TopCard].count
if (Deck[TopCard].face == 0 and playerAce == 0):
    playerCount += 10
    playerAce += 1
TopCard += 1

#画庄家第二张牌面
Deck[TopCard].DrawCard(265, 10)
dealerCount += Deck[TopCard].count
if (Deck[TopCard].face == 0 and dealerAce == 0):
    dealerCount += 10
    dealerAce += 1
TopCard += 1

ipcard = 2                           #记录玩家已有牌的数量
idcard = 2                           #记录庄家已有牌的数量
if (TopCard >= 52):
    showinfo(title = "提示",message = "一副牌完了!!")
    return
label1["text"] = "玩家" + str(playerCount)
label2["text"] = "庄家" + str(dealerCount)
bt1["state"] = DISABLED
bt2["state"] = NORMAL
bt3["state"] = NORMAL
```

4. "要牌"按钮事件代码

"要牌"是玩家根据自己的点数,决定是否继续发给玩家新牌。当发 A 牌时,点数加 10,且记录玩家 A 牌数量,最后计算出玩家的点数。如果超过 21 点则提示玩家输了。

```python
def callback2(event):                                           #要牌
    global TopCard, ipcard
    global dealerAce, playerAce, dealerCount, playerCount
    Deck[TopCard].DrawCard(200 + 65 * ipcard, 300)
    playerCount += Deck[TopCard].count
    if (Deck[TopCard].face == 0):                               #A 牌
        playerCount += 10
        playerAce += 1
    TopCard += 1
    if (TopCard >= 52):
        showinfo(title = "提示", message = "一副牌完了!!")
        return
    ipcard += 1
    label1["text"] = "玩家" + str(playerCount)
    if (playerCount > 21):
        if (playerAce >= 1):
            playerCount -= 10
            playerAce -= 1
            label1["text"] = "玩家" + str(playerCount)
        else:
            showinfo(title = "提示", message = "玩家 Player loss!")
            bt1["state"] = NORMAL
            bt2["state"] = DISABLED
            bt3["state"] = DISABLED
```

5. "停牌"按钮事件代码

"停牌"是玩家根据自己的点数,决定停止发给玩家新牌。这时轮到给庄家(电脑)发牌,dealerPlay()处理庄家选牌过程。为简化选牌过程,仅仅判断庄家(电脑)牌的点数是否超过 18 点,若不超过则继续发牌。dealerPlay()实现庄家选牌并判断庄家输赢。

```python
def callback3(event) :                                          #停牌
    dealerPlay()                                                #庄家选牌
def dealerPlay():                                               #庄家选牌
    #实现庄家选牌
    global TopCard, idcard
    global dealerAce, playerAce, dealerCount, playerCount
    while True:
        if (dealerCount < 18):
            Deck[TopCard].DrawCard(200 + 65 * idcard, 10);
            dealerCount += Deck[TopCard].count
            if (dealerCount > 21 and dealerAce >= 1):
                dealerCount -= 10
                dealerAce -= 1;
            if (Deck[TopCard].face == 0 and dealerCount <= 11):    #A 牌
```

```
                dealerCount += 10
                dealerAce += 1;
        TopCard += 1;
        if (TopCard >= 52):
            showinfo(title="提示",message="一副牌完了!!")
            return
        idcard += 1
    else:
         break
label2["text"] = "庄家"+str(dealerCount)
if (dealerCount <= 21):                    #庄家未超过21点
    if (playerCount > dealerCount):        #玩家点数超过庄家点数
        showinfo(title="提示",message="玩家 Player win!");
    else:
        showinfo(title="提示",message="庄家 win!")
else:                                       #庄家超过21点,玩家赢
    showinfo(title="提示",message="玩家 Player win!")
bt1["state"] = NORMAL
bt2["state"] = DISABLED
bt3["state"] = DISABLED
```

至此完成21点游戏设计。在上述编程过程中,我们用 Card 类描述扑克牌,对 Card 的牌面大小 Face 取值(A,2,…,K)和花色 suitType 取值(梅花、方块、黑桃、红桃)用了数值 0~12 和 0~3 表示。游戏规则也做了简化,只有两个玩家,也未对玩家属性(如财富、下注、所持牌、持牌点数等)进行描述,读者可以在编程中逐步地添加完善。

数据分析——多因子量化选股案例

21.1 多因子量化选股方法

量化选股是投资活动的开始环节,也是最重要的量化投资技术之一。量化选股就是采用数量的方法判断某个公司是否值得买入,期望选定的股票可以获得超越大盘的投资收益。根据某个方法,如果该公司满足了该方法的条件,则放入股票池;如果不满足,则从股票池中剔除。常用的量化选股方法有多因子选股、行业轮动选股、趋势跟踪选股等。

多因子选股是最经典的选股方法,该方法采用一系列的因子(比如公司价值、市盈率(PER)等)作为选股标准,满足这些因子的股票被买入,不满足的被卖出。比如巴菲特这样的投资者就会买入低 PER 的股票,在 PER 回归时卖出股票。

常用的选股因子如下:

(1) EV(Enterprise Value,公司价值或企业价值):该企业预期自由现金流量以其加权平均资本成本为贴现率折现的现值,它与企业的财务决策密切相关,体现了企业资金的时间价值、风险以及持续发展能力。

(2) PER(Price-Earnings Ratio,市盈率或本益比):一家公司某一时点股价相对于年度每股获利的比值,通常以倍数(multiple)显示,一般认为合理本益比为利率的倒数。

(3) EPS(Earnings Per Share,每股收益或每股盈利):税后利润与股本总数的比率。每股收益是普通股股东每持有一股所能享有的企业净利润或需承担的企业净亏损。它是投资者等信息使用者据以评价企业盈利能力、预测企业成长潜力,进而做出相关经济决策的重要的财务指标之一。

(4) PEG(Price to Earnings Growth,市盈率增长比率):由上市公司的市盈率除以盈利增长速度得到的数值。该指标既可以通过市盈率考察公司目前的财务状况,又通过盈利增长速度考察未来一段时期内公司的增长预期,因此是一个比较完美的选股参考指标。该因子可以按以下公式计算:

$$PEG = PER/((EPS(t)/EPS(t-1)-1) \times 100)$$

其中，t 取最新一个月的值，$t-1$ 取的是 12 月前的值。例如，t 取 2018 年 12 月的值，则 $t-1$ 为 2017 年 12 月的值。

（5）DPR(Dividend Payout Ratio，股息支付率)：向股东分派的股息占公司盈利的百分比。股息支付率指标反映普通股股东从每股的全部净收益中分得多少，就单独的普通股投资者来讲，这一指标比每股净收益更直接体现当前利益。该因子可以按以下公式计算：

$$DPR = DIV\_PER\_SHR/EPS$$

其中，DIV_PER_SHR 为每股股息。

（6）ROE(Return on Equity，净资产收益率、权益报酬率)：净利润与平均股东权益的百分比，是公司税后利润除以净资产得到的百分比率。该指标反映股东权益的收益水平，用以衡量公司运用自有资本的效率。

（7）DER(Debt to Equity Ratio，债务权益比率、债务对股东权益比率)：债务总额占股东权益总额的比例。它是衡量企业长期偿债能力，反映企业资本构成和长期财务状况的指标之一。该因子可以按以下公式计算：

$$DER = TOTAL\_LIABILITIES/TSE$$

其中，TOTAL_LIABILITIES 为负债合计，TSE 为股东权益总额。

多因子选股方法的判断策略是：在常用的判断因子中，EV、PER、PEG 和 DER 的值越小，EPS、DPR 和 ROE 的值越大，股票就越值得选择。根据选股因子排序，取前若干只股票产生若干个优选集合，优选集合的交集即为选择的股票。

21.2 数据处理思路

在原始数据表 modeling.xlsx 中，有 742 只股票的 8 个参数的历史数据。这 8 个参数分别是：EV(公司价值)、PER(市盈率)、EPS(每股收益)、DIV_PER_SHR(每股股息)、NUMBER_OF_SHARES(股份数目)、ROE(净资产收益率)、TOTAL_LIABILITIES(负债合计)、TOTAL_SHAREHOLDERS_EQUITY(TSE，股东权益总额)。

原始数据表的结构为：第 1 列是日期，第 2～5857 列为股票的数据，共有 742 只股票，每只股票 8 列参数，列索引结构为：公司名称＋" - "＋股票参数(例如第 2 列为"MICROSOFT-EARNINGS PER SHR")。第 1 行为列索引，第 2 行为货币单位，第 3～75 行为股票历史数据。相邻行日期间隔为 1 个月，包含从 2013-2-13 到 2019-2-13 的数据。原始数据表如图 21-1 所示。

处理要求：

（1）从原始数据表中，层层筛选，选出最好的一只或者几只股票。

（2）求出全部股票的所有选股因子平均值。

在原始数据表中，股票参数值的货币单位有美元(U$)和加元(C$)两种，计算中一律换算为加元。

本案例采用多因子选股方法，选用如 21.1 节所述的 7 个选股因子。其中 EV、PER、EPS 和 ROE 在原始数据表中已经给出，PEG、DPR 和 DER 可由原始数据表中的参数值用相应的公式计算得到。

本案例采用简单易用、功能强大的 Python 数据分析工具 Pandas 进行数据的清洗、处理和分析。

Date	MICROSOFT - EV	MICROSOFT - PER	MICROSOFT - EARNINGS PER SHR	MICROSOFT - DIV.PER SHR.	MICROSOFT - NUMBER OF SHARES	MICROSOFT - ROE	MICROSOFT - TOTAL LIABILITIES	MICROSOFT - TOTAL SHAREHOLDERS EQUITY	APPLE - EV
CURRENCY	U$	U$	U$	U$	U$	U$	U$	U$	U$
2013/2/13	169416028	15.4	1.82	0.92	8376243	21.3	63487000	78944000	438037500
2013/3/13	169416028	15.3	1.82	0.92	8376243	21.3	63487000	78944000	438037500
2013/4/13	178535145	15.8	1.82	0.92	8351104	21.39	63487000	78944000	438037500
2013/5/13	178535145	17.1	1.93	0.92	8351104	21.39	63487000	78944000	438037500
2013/6/13	178535145	18	1.93	0.92	8351104	21.39	63487000	78944000	438037500
2013/7/13	226014760	18.5	1.93	0.92	8328000	27.69	82600000	89784000	334576506
2013/8/13	226014760	12.5	2.58	0.92	8329955	27.69	82600000	89784000	334576506
2013/9/13	226014760	12.8	2.58	0.92	8360742	27.69	82600000	89784000	334576506
2013/10/13	212880880	13.2	2.58	1.12	8360742	27.73	82600000	89784000	410295076
2013/11/13	212880880	14.2	2.68	1.12	8347968	27.73	82600000	89784000	410295076
2013/12/13	212880880	13.7	2.68	1.12	8347968	27.73	82600000	89784000	410295076
2014/1/13	249364000	13.1	2.68	1.12	8299996	26.82	82600000	89784000	475520640
2014/2/13	249364000	13.8	2.72	1.12	8299996	26.82	82600000	89784000	475520640
2014/3/13	249364000	13.9	2.72	1.12	8299996	26.82	82600000	89784000	475520640
2014/4/13	272698400	14.4	2.72	1.12	8299996	25.65	82600000	89784000	438015421
2014/5/13	272698400	15.2	2.66	1.12	8260408	25.65	82600000	89784000	438015421

图 21-1　原始数据表 modeling.xlsx（部分内容）

21.3　Python 数据分析库 Pandas

21.3.1　Pandas 的概况与安装

Pandas 是 Python 下最强大的数据分析和探索工具。它包含高级的数据结构和精巧的工具，使得在 Python 中处理数据非常快速和简单。Pandas 是在 NumPy 之上构建的，最初由 AQR Capital Management 于 2008 年 4 月开发，并于 2009 年底开源出来，目前由专注于 Python 数据包开发的 PyData 开发组继续开发和维护，属于 PyData 项目的一部分。Pandas 最初被作为金融数据分析工具而开发出来，因此，Pandas 为时间序列分析提供了很好的支持。Pandas 的名称来自面板数据（panel data）和 Python 数据分析（data analysis）。panel data 是经济学中关于多维数据集的一个术语，在 Pandas 中也提供了 panel 的数据类型。

安装 Pandas 前需要安装好 NumPy，这是一个处理数值数组的基础软件包。Pandas 可以通过 pip install pandas 或下载源代码后执行 python setup.py install 安装均可。

21.3.2　Pandas 的数据结构

Pandas 的主要数据结构是 Series、DataFrame 和 Panel。

（1）Series 是能保存不同种数据类型的一维数组，由一组数据和与之相关的索引（index）组成，这个结构一看似乎与字典差不多，字典是一种无序的数据结构，而 Pandas 中的 Series 的数据结构不一样，它相当于定长有序的字典，并且它的索引和值之间是独立的，两者的索引还是有区别的，Series 的索引是可变的，而字典的 key 值是不可变的。索引的内容不一定是数字，也可以是字母、中文字符等，它类似于 SQL 中的主键。Series 数据结构如图 21-2 所示。

Series 的创建可以使用列表、字典和 NumPy 的数组等方式。使用列表创建一个带有索引的 Series 对象代码如下：

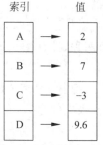

图 21-2　Series 数据结构

```
from pandas import Series,DataFrame
import pandas as pd
sr1 = Series([2,7,-3,9.6],index = ['A','B','C','D'])
```

(2) DataFrame 是二维的表格型数据结构,类似于二维数组。可以将 DataFrame 理解为 Series 的容器,它的每一列都是一个 Series,各个 Series 带有一个同样的索引。DataFrame 数据结构如图 21-3 所示。

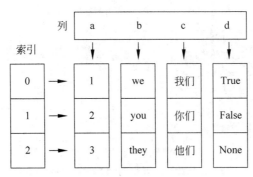

图 21-3 DataFrame 数据结构

DataFrame 对象的创建可以从包含列表的字典、嵌套字典或包含 Series 的字典实现。使用包含列表的字典生成一个带有默认索引的 DataFrame 对象的代码如下:

```
from pandas import DataFrame
data = {'a':[1,2,3,4,5,6],'b':['we','you','they','he','she','it'],\
        'c':['我们','你们','他们','他','她','它'],\
        'd':[True,False,None,None,None,None]}df = DataFrame(data)
df = DataFrame(data)
```

(3) Panel 是类似于三维数组的数据结构,可以理解为 DataFrame 的容器。

21.3.3 Pandas 对数据的操作

Pandas 对数据操作的功能非常强大,限于篇幅,本节简单介绍案例中用到的 DataFrame 中的数据操作方法。

(1) 二维数据查看:可用 DataFrame 的 head()和 tail()等方法。

```
df.head()                       #默认显示二维表的前 5 行
df.head(3)                      #查看二维表的前 3 行
df.tail()                       #默认显示最后 5 行
df.tail(1)                      #查看最后一行
```

(2) 二维数据的索引、列名和数据查看:可通过 DataFrame 对象的 index、columns 和 values 成员实现。

```
df.index                        #显示二维表的索引
df.columns                      #显示二维表的列名
df.values                       #显示二维表的数据
```

(3) 二维数据排序：可通过 DataFrame 对象的 sort_index() 和 df.sort_values() 方法实现。

```
df.sort_index(axis = 0,ascending = False)      #根据行标签对所有行排序
df.sort_index(axis = 1,ascending = False)      #根据列标签对所有列排序
df.sort_values(by = 'a')                       #对列标签为'a'的列进行升序排序
df.sort_values(by = 'a',ascending = False)     #对列标签为'a'的列进行降序排序
```

(4) 二维数据选择：可通过 DataFrame 对象的切片和 loc[]、at[]、iloc[] 实现。

```
df['a']                    #选择列
df[0:2]                    #使用切片选择多行
df.loc[:,['a','c']]        #选择多列
df.loc[[0,2,5],['b','d']]  #同时指定多行多列进行选择
df.at[3,'b']               #查询指定行、列位置的数据
df.iloc[2]                 #查询第2行的数据
df.iloc[1:3,2:4]           #查询指定的多行、多列数据
```

(5) 二维数据修改：可通过 DataFrame 对象的 iat[]、at[]、loc[] 和切片操作实现。

```
df.iat[1,3] = '0'
df.at[3,'b'] = "He"                            #修改指定行、列位置的数据
df.loc[:,'d'] = [x * x for x in range(10,16)]  #修改某列的值
df['d'] = df['d'] + 100                        #对指定列的值加 100
```

(6) 二维数据统计：可通过 DataFrame 对象的 mean() 等方法实现。

```
df.mean()      #计算二维表中各列的平均值
df.mean(1)     #计算二维表中各行的平均值
```

(7) 二维表添加行：通过 DataFrame 对象的 append() 方法实现。

```
row = {'a':7,'b':'I','c':'我','d':50}       #用新数据行创建一个字典对象
df = df.append(row,ignore_index = True)     #将字典对象添加到 DataFrame 对象
```

21.4 程序设计的步骤

1. 读取数据

用 Pandas 的 read_excel() 方法打开文件并读出原始数据到一个 DataFrame 对象。

```
df = pd.read_excel('d:/stocks/modeling.xlsx')
```

2. 数据清洗

原始数据表中包含着一些空数据，其列标题内容为 #ERROR。处理数据前需要从原表中将包含空数据列的公司股票数据删除。步骤为：

(1) 遍历获取标题为 #ERROR 的列序号，经过计算获得包含空值的公司序号，再得到

有空值的公司参数列索引列表,从而删除有空值的公司的所有参数列。

```
def get_index(lst = None, item = ''):
    return [index for (index,value) in enumerate(lst) if value.find(item)>= 0]

errCols = get_index(df.columns.values,'#ERROR')
errComs = [(errCol-1)//8 for errCol in errCols]

delColsIdx = []
for i in errComs:
    delColsIdx += [i*8+j for j in range(1,9)]
delCols = [df.columns.values[i] for i in delColsIdx]    #有空值的公司参数列索引列表
df.drop(delCols, axis = 1,inplace = True)               #删除有空值的公司的所有参数列
```

(2)很多股票的最后一行包含空值。本案例处理思路为:利用 enumerate()对原表最后一行进行遍历,将含有空值的列放入 cols 中。再查找最后一行各空值所在列上方的最接近的非空值,将其值复制到最后一行。

```
cols = [x for i,x in enumerate(df.columns) if df.iloc[-1,i]!= df.iloc[-1,i]]
for x in cols:
    for j in range(len(df.index)-2,0,-1):
        if df[x][j] == df[x][j]:
            df.loc[len(df.index)-1,x] = df[x][j]
            break
```

3. 数据预处理

(1)从原表中取得股票参数名称列表。

```
terms = []
terms = copy.copy(df.columns.values[1:9:])
for i in range(0,len(terms)):
    terms[i] = terms[i][terms[i].find(' - ')+3:]
```

(2)从原表中取得全部公司名称列表。

```
companies = []
companies = copy.copy(df.columns.values[1::8])
for i in range(0,len(companies)):
    companies[i] = companies[i][:companies[i].find(' - ')]
```

(3)将原表中的美元换算为加元。
先定义一个 lambda 类型的转换函数,再按照每个公司的数据依次换算。

```
conv = lambda x: x*1.33 if (isinstance(x,int) or isinstance(x,float)) else x
for i in range(len(companies)):
    if 'U$ ' in list(df.iloc[0,i*8+1:i*8+8]):
        df.iloc[0,i*8+1:i*8+8] = 'C$ '
        for j in range(1,9):
            for k in range(1,len(df.index)):
                df.iloc[k,i*8+j] = conv(df.iloc[k,i*8+j])
```

4. 数据处理

（1）创建一个新的 DataFrame 对象 df2，用来存储选股因子。df2 的结构为 8 列，列标题依次为 company 和 7 个选股因子名称。并用原表中最后一行及一年前的 8 个参数计算得到每个公司的 7 个选股因子，将每个公司名称和其 7 个选股因子值保存在新表中的一行。

```python
factors = ['EV','PER','PEG','EPS','DPR','ROE','DER']
df2 = pd.DataFrame(columns = ['company'] + factors)
for i in range(len(companies)):
    if df.iloc[-1,i*8+3] != 0 and df.iloc[-1,i*8+3] != df.iloc[61,i*8+3]:
        company = companies[i]
        EV,PER,EPS,DIV_PER_SHR,NUMBER_OF_SHARES,ROE,TOTAL_LIABILITIES,TSE = (df.iloc[-1,i*8+j] for j in range(1,9))
        EPS_T = EPS
        EPS_T_1 = df.iloc[-2,i*8+3]
        #计算股票的各个选股因子
        if EPS_T != EPS_T_1:
            PEG = PER * EPS_T_1/ ((EPS_T - EPS_T_1) * 100)
        DividendPayout = DIV_PER_SHR/PER
        Debt2EquityRatio = TOTAL_LIABILITIES/ TSE
        df2 = df2.append(pd.DataFrame({'company': [company], factors[0]: [EV], factors[1]: [PER],\
                                       factors[2]:[PEG],factors[3]: [EPS],\
                                       factors[4]: [DividendPayout], factors[5]: [ROE],\
                                       factors[6]: [Debt2EquityRatio]}), ignore_index = True)
```

（2）求出全部股票的所有选股因子平均值。

```python
df2.mean()
```

计算得到各因子平均值如图 21-4 所示。

```
DER      1.891439e+00
DPR      8.931805e-02
EPS      5.805231e+00
EV       6.504554e+07
PEG      1.295992e+00
PER      3.969251e+01
ROE      6.070050e+01
dtype: float64
```

图 21-4　选股因子平均值

（3）根据选股因子列表中各因子进行排序。

```python
df_c1 = df2.sort_values( by = factors[0] , ascending = True)    #根据 EV 按升序排序
df_c2 = df2.sort_values( by = factors[1] , ascending = True)    #根据 PER 按升序排序
df_c3 = df2.sort_values( by = factors[2] , ascending = True)    #根据 PEG 按升序排序
df_c4 = df2.sort_values( by = factors[3] , ascending = False)   #根据 EPS 按降序排序
df_c5 = df2.sort_values( by = factors[4] , ascending = False)   #根据 DPR 按降序排序
df_c6 = df2.sort_values( by = factors[5] , ascending = False)   #根据 ROE 按降序排序
df_c7 = df2.sort_values( by = factors[6] , ascending = True)    #根据 DER 按升序排序
```

第21章 数据分析——多因子量化选股案例

(4) 求各次排序中前若干只股票列表。

```
top_num = 350
stocks1 = list(df_c1.head(top_num)['company'])
stocks2 = list(df_c2.head(top_num)['company'])
stocks3 = list(df_c3.head(top_num)['company'])
stocks4 = list(df_c4.head(top_num)['company'])
stocks5 = list(df_c5.head(top_num)['company'])
stocks6 = list(df_c6.head(top_num)['company'])
stocks7 = list(df_c7.head(top_num)['company'])
```

(5) 求各次排序前若干只股票的交集并将筛选出的股票写进一个 DataFrame 对象 good_stocks 中。

```
good_stocks = [s for s in stocks1 if (s in stocks2 and s in stocks3 and s in stocks4 and s in stocks5 and s in stocks6 and s in stocks7)]
df_goodStocks = df2[df2['company'].isin(good_stocks)]
```

(6) 将 good_stocks 写入一个 Excel 文件。

```
df_goodStocks.to_excel('d:/stocks/goodStocks.xlsx')
```

至此,该案例完成了多因子选股操作。

在 7 个选股因子的排行 Top350 中,交叉得到的优选股票如表 21-1 所示。

表 21-1 多因子量化选股优选股票

Company	DER	DPR	EPS	EV	PEG	PER	ROE
LAM RESEARCH	0.92	0.39	21.56	23 926 396.76	−11.65	14.90	66.73
T ROWE PRICE GROUP	0.13	0.23	9.66	28 324 334.36	−5.61	17.96	38.96
DXC TECHNOLOGY	1.46	0.06	6.74	26 282 606.14	−0.80	17.56	18.62
FRANKLIN RESOURCES	0.32	0.09	3.78	13 972 538.44	−1.35	14.76	21.89
D R HORTON	0.53	0.06	5.41	20 859 813.10	−26.93	13.17	22.72
SKYWORKS SOLUTIONS	0.17	0.11	8.07	20 035 856.82	−4.28	18.22	37.31
QUEST DIAGNOSTICS	1.11	0.13	7.06	24 253 560.80	−3.23	22.48	21.51
PULTEGROUP	1.05	0.06	4.72	12 561 655.82	−36.46	10.24	27.90
BORGWARNER	1.57	0.06	5.12	14 450 789.15	0.00	13.97	18.14
CIMAREX EN.	0.96	0.06	8.22	12 606 173.58	−3.70	15.96	28.16
FOOT LOCKER	0.55	0.08	4.60	7 055 970.53	−3.70	22.34	18.13
WEST FRASER TIMBER	0.65	0.14	12.96	5 377 657.00	−1.87	5.60	27.97
LINAMAR	0.86	0.09	9.20	5 954 737.00	−5.53	5.30	16.93
NORBORD	1.35	0.90	5.57	3 541 318.00	−0.21	6.80	42.95
NFI GROUP	1.57	0.18	4.01	3 965 718.00	−0.34	8.50	23.63

图书资源支持

感谢您一直以来对清华版图书的支持和爱护。为了配合本书的使用，本书提供配套的资源，有需求的读者请扫描下方的"书圈"微信公众号二维码，在图书专区下载，也可以拨打电话或发送电子邮件咨询。

如果您在使用本书的过程中遇到了什么问题，或者有相关图书出版计划，也请您发邮件告诉我们，以便我们更好地为您服务。

我们的联系方式：

地　　址：北京市海淀区双清路学研大厦 A 座 714

邮　　编：100084

电　　话：010-83470236　010-83470237

客服邮箱：2301891038@qq.com

QQ：2301891038（请写明您的单位和姓名）

资源下载： 关注公众号"书圈"下载配套资源。

资源下载、样书申请

书圈

获取最新书目

观看课程直播